U1001945

工业副产石膏概论

滕朝晖　冯秀艳　尹瑞龙　主编

中国建材工业出版社

图书在版编目（CIP）数据

工业副产石膏概论/滕朝晖，冯秀艳，尹瑞龙主编. --北京：中国建材工业出版社，2022.8

ISBN 978-7-5160-3490-3

Ⅰ.①工… Ⅱ.①滕… ②冯… ③尹… Ⅲ.①石膏—概论 Ⅳ.①TQ177.3

中国版本图书馆CIP数据核字（2022）第063455号

工业副产石膏概论

Gongye Fuchan Shigao Gailun

滕朝晖 冯秀艳 尹瑞龙 主编

出版发行：中国建材工业出版社

地 址：北京市海淀区三里河路11号

邮 编：100831

经 销：全国各地新华书店

印 刷：北京印刷集团有限责任公司

开 本：787mm×1092mm 1/16

印 张：11

字 数：250千字

版 次：2022年8月第1版

印 次：2022年8月第1次

定 价：68.00元

本社网址：www.jccbs.com，微信公众号：zgjcgycbs

请选用正版图书，采购、销售盗版图书属违法行为

版权专有，盗版必究。本社法律顾问：北京天驰君泰律师事务所，张杰律师

举报信箱：zhangjie@tiantailaw.com 举报电话：（010）57811389

本书如有印装质量问题，由我社市场营销部负责调换，联系电话：（010）57811387

编写委员会

主　编： 滕朝晖　冯秀艳　尹瑞龙

副主编： 罗　彬　陈长喜　刘元正

编写分工：

1　工业副产石膏概述

重庆文理学院	朱　聪
四川建筑职业技术学院	黄　滔
郑州大学材料科学与工程学院	杨力远
山西大学资源与环境工程研究所	马志斌
山西省建筑材料工业设计研究院有限公司	滕朝晖
山西省建筑材料工业设计研究院有限公司	寇永嘉
江西天宏新材料科技有限公司	方　乐
山西农业大学资源环境学院	滕　宇

2　工业副产石膏煅烧生产线

泰安汇森机电有限公司	刘乐峰
山西省建筑材料工业设计研究院有限公司	滕朝晖
江西天宏新材料科技有限公司	罗　彬
山西一把灰科技股份有限公司	卫　帅

3　建筑石膏（脱硫）大生产工艺

菏泽鲁润建材综合开发有限公司	张洪才
菏泽鲁润建材综合开发有限公司	赵　欢
建筑材料工业技术情报研究所	安　然
石家庄荣强新型建材有限公司	王大明
石家庄荣强新型建材有限公司	胡　楠
山西大地环境资源有限公司	赵文强

4　石膏砂浆生产线

陕西中路西建机械设备有限公司　尹瑞龙
江苏晨日环保科技有限公司　徐祥来
陕西中路西建机械设备有限公司　屈文林

5　工业副产脱硫石膏的应用

四川华邦保和科技集团有限公司（四川华一众创新材料有限公司）　林枝成
四川华邦保和科技集团有限公司（四川华一众创新材料有限公司）　刘元正
深圳青青源科技有限公司　管红卫
深圳青青源科技有限公司　徐炉兵
济南留安石膏机械设备制造有限公司　张留安
济南留安石膏机械设备制造有限公司　李志民
济南留安石膏机械设备制造有限公司　常德忠
济南留安石膏机械设备制造有限公司　张文成
河南强耐新材股份有限公司　赵松海
陕西中路西建机械设备有限公司　秦宝荣
建筑材料工业技术情报研究所　吴小缓
建筑材料工业技术情报研究所　袁　鹏
山西省建筑材料工业设计研究院有限公司　滕朝晖
天津商业大学生物技术与食品科学学院生物工程系　王子鸥

6　工业磷副产石膏的应用

贵州磷化绿色环保产业有限公司　杨步雷
贵州磷化绿色环保产业有限公司　徐韦洪
石家庄筑佳节能产品科技有限责任公司　刘　斌
北京建筑材料检测研究院有限公司　冯秀艳
陕西中路西建机械设备有限公司　尹瑞龙
湖北新洋丰新型建材科技有限公司　詹成晋
山西省建筑材料工业设计研究院有限公司　滕朝晖
江西天宏新材料科技有限公司　罗永生

7　商品砂浆试验室管理标准

北京建筑材料检测研究院有限公司	冯秀艳
北京弗特恩科技有限公司	陈长喜
山西华建建筑工程检测有限公司	李山峰
山西华建建筑工程检测有限公司	李志军
四川华邦保和科技集团有限公司（四川华一众创新材料有限公司）	刘元正
山西大地华基建材科技有限公司	张彦鹏

8　工业副产石膏分析仪器简述

深圳市冠亚技术科技有限公司	张明权
深圳市冠亚技术科技有限公司	陈　鹏
山西华建建筑工程检测有限公司	李晓峰
山西华建建筑工程检测有限公司	梁彦平
北京弗特恩科技有限公司	桑小艳

9　高强石膏发展展望

山西省建筑材料工业设计研究院有限公司	滕朝晖
山西省建筑材料工业设计研究院山东阿尔法石膏有限公司	张庆盈
山西大地华基建材科技有限公司	乔　斌
泰安市商务发展服务中心	张　军
山西华建建筑工程检测有限公司	张晓波

序言

“十四五”时期，我国将开启全面建设社会主义现代化国家新征程，围绕推动高质量发展的主题，全面提高资源综合利用效率的任务更加迫切。习近平总书记在第七十五届联合国大会一般性辩论会上提出，我国二氧化碳排放力争于2030年前达到峰值，努力争取2060年前实现碳中和目标。如何落实碳达峰碳中和目标，实现我国社会高质量发展，大宗固废资源综合利用作为绿色低碳发展的核心领域承载了新的使命。

就当前大宗固废中工业副产石膏而言，我国生产磷肥产生的废弃磷石膏年排放量达8000万吨，火电厂湿法脱硫产生的脱硫石膏年排放1.3亿吨，还有生产钛白粉产生的钛石膏、生产柠檬酸产生的柠檬酸石膏、生产乳酸产生的乳酸石膏等。目前我国工业副产石膏堆积量约有6亿吨，每年排放的工业副产石膏没有得到有效利用，企业需要投入大量的渣场建设资金和运行管理费用，占用了宝贵的土地资源，造成水、土、气复合污染突出，成为诱发环境和安全问题的主要因素之一，如何实现工业副产石膏的有效利用迫在眉睫。

另一方面，石膏也是建筑上优良的胶凝材料，碳排放量约为水泥的十分之一。石膏制品为二水石膏，经170℃低温煅烧即可成为半水石膏作为原料循环使用，不会产生建筑垃圾。石膏作为古老的建筑材料，有着安全、节能、绿色、不损害人类健康的优点。工业副产石膏综合利用对节约和替代原生资源，有效减少碳排放等具有显著的协同效应。

我国工业副产石膏研究起步较晚，系统研究开发石膏建筑材料始于20世纪70年代初。进入21世纪以后，我国石膏建筑材料行业发展较快，特别在2018年后，工业副产石膏作为建材发展突飞猛进，目前石膏行业超过80%的原料是工业副产石膏，以工业副产石膏作为原料生产的建材得到了社会的认可。但副产石膏成分复杂，在使用过程中也存在一些问题。由滕朝晖、冯秀艳、尹瑞龙主编的《工业副产石膏概论》是针对行业发展而编写的专业技术书籍。书中加入大量编者在工作中遇到的真实案例，专业性强，有实际参考意义。希望该书能对石膏建筑材料从业人员的技能提高带来一定帮助，也能给工业副产石膏的研究人员以启发。

中国工程院院士
结构工程专家

2023.5.6

前言

随着工业副产石膏资源化利用技术水平的提高，我国石膏建材的发展迎来了新的发展机遇。同时，工业副产石膏应用于石膏建材，也给石膏建材的质量和石膏建材性能的进一步提高带来一定难度。这主要表现在两个方面：石膏建材的生产者未考虑工业副产石膏本身的特性，而是按照使用天然石膏的方法去应用，造成石膏建材稳定性不佳和难以调控等问题；未测定工业副产石膏本身含有的“Cl^-”和“可溶性磷”等有害物质并未进行严格控制，导致石膏建材施工后出现泛白、霉变等问题。

工业副产石膏资源化应用于石膏建材，应密切关注生产工艺的科学性并寻求降低能耗的途径。加强市场调研，做好基础研究，从产品工艺设计、设备选型、生产控制和性能优化等方面入手，提高产品质量，规范产品质量控制和规范产品应用。

为进一步推动工业副产石膏在石膏建材生产中的应用，保证石膏建材的使用稳定性和使用安全性，打消用户对这类材料“不敢用、不会用、不能用”的顾虑，我们编写了《工业副产石膏概论》。本书内容涉及工业副产石膏资源化应用原理、煅烧生产线的设计、煅烧工艺的优化，以及终端产品石膏砂浆的生产、应用、实验室管理和分析仪器等多个方面，还包括高强石膏的制备与应用技术。

本书在编写过程中，得到了国内外同行专家、应用技术人员、一线生产厂家等的大力支持。中国工程院院士、结构工程专家马克俭院士，同济大学材料科学与工程学院孙振平教授，中国矿业大学（北京）王栋民教授，山西省工业和信息化厅原材料工业处魏志平处长、节能与综合利用处张文灿处长及李飞光主任科员等，建筑材料工业技术情报研究所徐洛屹所长，中国建筑材料联合会石膏建材分会杨再银秘书长，中国建筑材料联合会石膏建材分会资深专家赵云龙高级工程师，煤炭工业太原设计研究院党组副书记冯蕊总经理，山西大地环境资源有限公司孙三军董事长等为本书的编写提供了无私的帮助，在此深表谢意。

由于时间仓促及编者水平有限，书中纰漏及不妥之处恳请广大读者指正。

编　者

2022 年 5 月

目　录

1

工业副产石膏概述

我国工业副产石膏以磷石膏和脱硫石膏为主，2010—2020 年的排放量/利用量与利用率如图 1-1、图 1-2 所示。可以看出，2020 年磷石膏和脱硫石膏年排放量均为 7000 万～8000 万吨，而磷石膏的利用率仅为 47. 9%，远低于脱硫石膏的 76. 9%，表明磷石膏的资源化利用遭遇了瓶颈，而脱硫石膏的资源化利用较为成熟。另外，我国磷石膏堆存量高达 6 亿吨，且大多分布在长江流域。因此，有效利用磷石膏，最终实现零排放并消纳库存，是磷肥行业可持续发展和长江流域生态保护的必然要求。

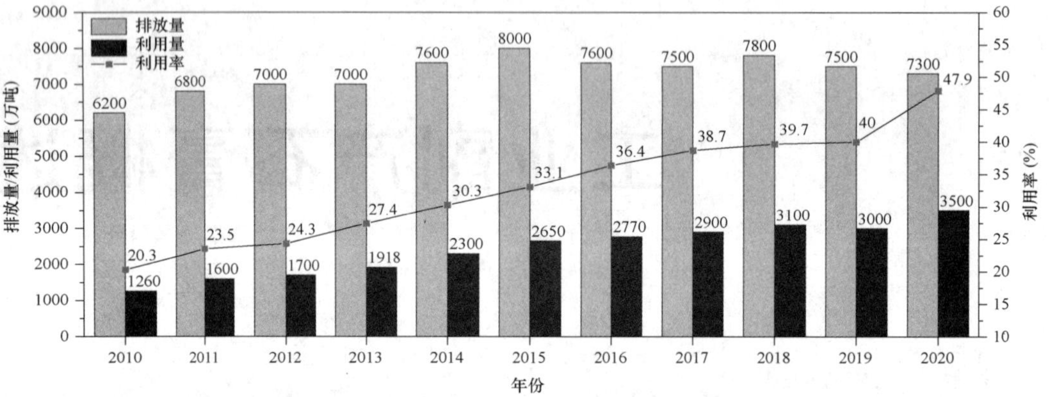

图 1-1　2010—2020 年我国磷石膏的排放量/利用量与利用率

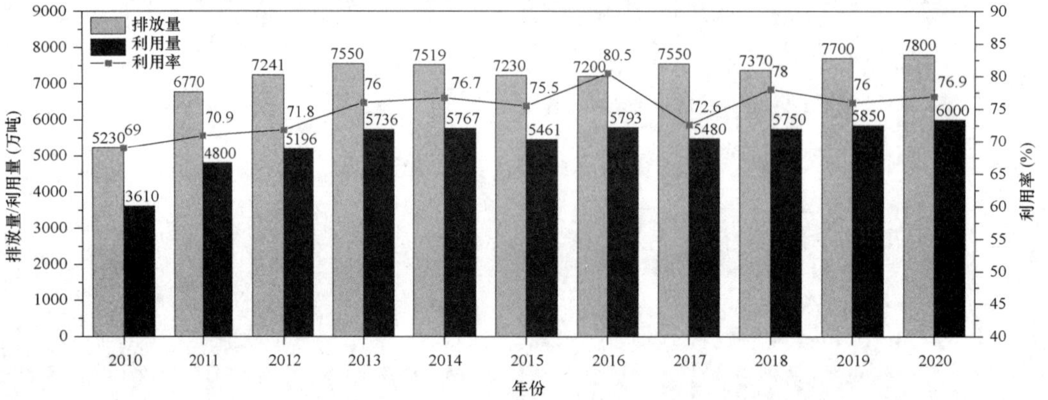

图 1-2　2010—2020 年我国脱硫石膏的排放量/利用量与利用率

现阶段，工业副产石膏建材资源化利用的主流方式是采用低温快速煅烧技术制备建筑石膏，并通过外加剂及矿物掺合料进行改性，配制出下游产品。由于脱硫石膏品位较高，有害杂质种类少、含量低，因此，制备的脱硫建筑石膏的物理力学性能较好，且质量波动小，已得到规模化利用。磷石膏由于含有可溶磷、共晶磷、可溶氟、有机物等多种有害杂质，传统技术对上述杂质无害化处理无能为力，造成磷建筑石膏产品质量波动大、强度低，且会带来发霉等表观质量问题，工程推广应用受阻。我国磷石膏综合利用遭遇瓶颈，利用率增长乏力，利用水平低下，导致占用大量土地资源，存在较大的生态环境隐患。

因此，本节内容主要针对工业副产建筑石膏的特点，阐明适宜的煅烧、改性方法及原理，以期为工程应用提供理论依据，助推工业副产石膏大规模、高质量综合利用。

1.1 脱水原理及煅烧工艺

1. 二水石膏脱水原理

(1) 二水相脱水转变成 β 型半水相过程

现阶段研究表明，二水石膏转变为 β 型半水石膏的过程可分为三个阶段：

第一阶段为二水石膏内部空位迁移阶段。晶体上存在着许多特殊点，如空位、包晶、裂纹和杂质等，当温度达到 100℃时，热起伏将引起结合力较弱的水层空位开始向这些特殊点迁移，穴位迁移到表面后随之消失，形成水分子的出露点。石膏的水分子通过这些出露点脱出，并发生收缩裂纹。这一阶段为二水石膏脱水时的最初情形。水分子的出露点形成时间，取决于二水石膏的加热温度，但是水分子的出露点不是立即出现的，也就是说水分子在出露点形成时有一段吸收热量、聚集能量的过程，即有一个脱水分解的诱导期，当出露点形成后，诱导期即结束。

第二阶段为稳定晶核的形成阶段。水分子出露点形成后，很快会在这些出露点四周生成一些半水石膏晶胚。这些晶胚很小，其中一部分很容易分解于二水石膏母体内，但在 120℃温度下，晶胚可在晶体的特殊点（即界面能的最低处）优先长大，形成稳定晶核。这种晶核就是新相半水石膏得以生成的基体。

第三阶段是晶核生长扩散阶段。形成稳定的晶核后，二水石膏不断分解，热激励将 Ca^{2+} 和 SO_4^{2-} 离子不断迁移到新相晶核的位置上，这样就使晶核迅速向四周生长扩散，直至全部转变为半水石膏。

可见，二水石膏脱水转变成 β 型半水石膏是按成核-扩散机理进行的。

(2) 二水石膏脱水温度的影响因素

二水石膏的脱水温度受到诸多因素的影响：

① 在相同条件下，石膏的脱水温度与结晶形态、杂质含量有关，晶粒越粗大，杂质含量越少，脱水温度就越高。

② 石膏颗粒的脱水温度和周围的水蒸气分压有关，水蒸气分压越低，石膏脱水温度越低。

③ 在低水蒸气分压下，石膏的两次脱水过程可连续完成，不再有明显的界限。

石膏的脱水温度指在常压下石膏颗粒的脱水温度，此时石膏晶体的实际脱水环境全部为脱出来的水蒸气，压力为大气压或高于大气压。常见脱水温度：常压条件下 125 ~ 180℃变为 β 型半水石膏，280 ~ 360℃变为Ⅲ型无水石膏。

应当注意的是，当温度提高、脱水速度加快时，在石膏这个不良的热导体中，常造成温度表里不一，很容易形成多相混合物。因此，在熟石膏的制备过程中，不能忽视物相组成分析，只有采取合理的煅烧制度和工艺措施，才能保证产品质量。另外，还需考虑工业副产石膏中杂质种类及数量对煅烧温度的影响，以明确制备工艺的针对性和适应性，如磷石膏含有大量杂质，造成磷建筑石膏的最佳煅烧温度低于天然建筑石膏的煅烧温度。

(3) 二水石膏脱水相的组成及特点

石膏胶凝材料的制备过程主要是二水石膏加热脱水转变为不同脱水石膏相的过程。关于二水石膏转变为脱水相的温度，由于各种条件的变化，不同学者提出过不同的参数。在实验室要得到某一个纯净的石膏相是很困难的，因为半水石膏和Ⅲ型无水石膏是介稳态化合物，没有十分明确的相变点。也就是说，二水石膏转化为β型半水石膏没有一个固定的平衡脱水温度，石膏系统的脱水反应是非平衡过程，在二水石膏到半水石膏反应完成之前，半水石膏到可溶性无水石膏的反应早已进行，从而得不到纯净的半水石膏。因此工业熟石膏实际上是一种以半水石膏为主，夹杂着含量不定的可溶性无水石膏、过烧石膏及少量二水石膏的一种多相混合体。

新制的熟石膏是个多相体系，既含有半水石膏，又有残留的再生的二水石膏，还会有Ⅲ型无水石膏。这些相的组成比例，不仅取决于原料和煅烧条件，还与环境温湿度密切相关。各相在空气中的稳定程度不相同。半水石膏比较稳定；Ⅲ型无水石膏因结构疏松，在空气中极不稳定，很快吸收水变为半水石膏；残留的二水石膏在常温下稳定，但在干燥空气中，温度超过45℃时即可脱水转变为半水石膏。

建筑石膏多相体系中各相的水化性质，通过制备纯相，测定了它们的水化动力学特征以及各相的物理性能。得知各相的水化与硬化的性能差别较大：半水石膏的水化速度最快，30min 内基本完成水化，早期强度高；Ⅲ型无水石膏水化活性最高，但整个水化过程要经过半水石膏阶段而延长了水化时间，造成硬化慢、早期强度低；残留的二水石膏起着晶种的作用，可以加速半水石膏的溶解和析晶过程，使早期强度提高，但晶粒太多也会使硬化体内的结晶网络接触点太多，强度反而降低。

从而揭示了熟石膏质量不稳定的主要因素是Ⅲ型无水石膏和残留的二水石膏。而解决熟石膏质量不稳定的途径就是通过陈化（或均化）处理，促使Ⅲ型无水石膏和二水石膏转变为半水石膏，使比表面积下降，初始水化速度减慢，凝结时间趋于正常，强度得到提高。

2. 建筑石膏煅烧工艺

工业副产石膏脱水制备建筑石膏是一个重要环节，直接关系到整个工艺流程的能耗、产品质量和环境等。目前，常用的石膏煅烧设备主要有炒锅、回转窑、沸腾炉、气流式煅烧设备、磨-烧一体化煅烧设备等，其特点如下所述：

(1) 炒锅

炒锅是以高温烟气为热源，通过直接或者间接加热的方式实现气流与物料之间的热交换。炒锅工艺是一种传统的煅烧工艺，为了适应气料之间的高效换热，其发展先后经历了间歇炒锅、连续炒锅、埋入式炒锅以及锥形炒锅等阶段。该工艺技术成熟，易于操作，但生产效率低、投资大、能耗高、环境差。

（2）回转窑

回转窑是最传统的煅烧方式，同样以高温烟气为热源，通过直接或者间接加热的方式实现气料之间的热交换。回转窑又分为内烧式、外烧式以及套筒式三大类。其中，内烧式和套筒式回转窑通过石膏与燃烧气流直接接触换热，完成二水石膏脱水；外烧式回转窑是在窑外加热，窑内石膏通过筒体间接换热脱水。该工艺易于控制，操作弹性大，但工艺系统复杂、热耗较大。

（3）沸腾炉

该工艺以高温烟气为热源，通过床层内加热管实现气料之间热交换，完成脱水分解。该工艺传热效率高、能耗低，但设备体积大、投资高。

（4）气流式煅烧设备

气流式煅烧设备是将磨细后的物料与热气流直接接触换热完成二水石膏的脱水。常见的设备有彼特斯磨、沙士基打磨、Delta 磨以及斯德动态煅烧炉。该工艺集粉磨与煅烧于一体，设备体积小、投资省、生产效率高、能耗低，但操作不稳定。

尽管煅烧设备有多种，但影响煅烧产品品质的主要因素是“换热方式”——直接换热和间接换热。工艺流程相差无几，具体工艺流程：工业副产石膏经预处理后由送料机送入煅烧设备，在机械分散力或燃气产生的热风作用下，物料经过分散、干燥、煅烧、强速均化过程，煅烧后的石膏由排料口排出，废气经捕集收尘后排出炉外，收集后的石膏经输送进入储仓。总体来说，无论采用哪种煅烧设备，只要工艺制度合理、生产控制严谨，都可生产出合格的建筑石膏。

石膏煅烧工艺按照加热时间的长短可分为快烧工艺和慢烧工艺。前述炒锅系统、回转窑系统、沸腾炉系统等，物料在系统内的停留时间较长，达 30min ~ 2h，属于低温慢烧工艺。气流式煅烧设备采用边磨边煅烧的方式，多是瞬间完成二水石膏的脱水，属于快烧工艺。此外，根据物料特性，煅烧工艺还可分为一步法（干燥附着水与脱去一个半的结晶水由同一台热工设备完成）与两步法（干燥附着水与脱去一个半的结晶水由不同的热工设备分别完成）。石膏原料的附着水含量较低时常采用一步法工艺；附着水含量较高时宜采用两步法工艺。实际应用时，首先要依据石膏的种类和性状，是天然石膏还是工业副产石膏，是颗粒状还是粉状，如果是粉状，可选快速煅烧设备，如果是颗粒状，则宜选用在窑内停留时间较长的设备。其次要依据终端产品的种类，生产石膏建材产品制品时，如各种石膏板材、砌块等，宜选用快速煅烧设备，因用快速法生产的建筑石膏凝结硬化快，可提高生产效率，加快模具的周转；生产石膏胶凝材料时，如抹灰石膏、石膏自流平、石膏粘接剂等，宜选用慢速煅烧设备，因用慢速煅烧的产品凝结硬化较慢，有利于减少外加剂的掺量，降低生产成本；如果两类产品都生产，则首选慢速煅烧的产品。

1.2
石膏的增强改性

影响建筑石膏强度的因素较多，如杂质、相组成、水膏比等，本质上是由硬化体中孔结构特征以及二水相晶体形貌及搭接程度决定的。本节主要讲述采用颗粒级配优化、减水剂降低标稠需水量以及无机活性矿物材增加水化产物等手段改善硬化体中孔结构分布特征，增加密实度，从而提高石膏的物理力学性能。另外，纤维在基体中可起到有效传递荷载，避免应力集中的作用，对建筑石膏具有较好的增强增韧效果。

1. 颗粒级配优化

颗粒级配对胶凝材料粉体的堆积密度及水化进程有着重要影响，它决定了材料的流动度、凝结时间、强度等诸多物理力学性能。一般而言，随着建筑石膏粒径增大，粉体比表面积与空隙率大幅减小，从而显著降低标准稠度需水量，利于提高强度。但再生半水石膏粒径过大，溶解速率过小，会导致建筑石膏初始液相离子过饱和度降低，析晶的临界半径增大，水化诱导期大幅延长，水化进程延缓，水化反应较为温和且持续时间较长，从而造成后期硬化体中二水石膏晶体形貌变得粗大，呈片层状且晶体之间接触点减少，削弱胶结力，对宏观强度产生较大的负面影响。

半水石膏颗粒细度对强度具有正负两个方面的影响：细颗粒比表面积与空隙率较大，增加了标稠需水量，削弱了强度，但同时由于细颗粒水化时形成较高的液相离子过饱和度，析出的二水石膏晶体呈细小针棒状，有利于增加强度；粗颗粒比表面积与空隙率较小，减小了标稠需水量，对强度有利，但同时由于粗颗粒水化时形成较低的液相离子过饱和度，析出的二水石膏晶体呈粗大片层状，从而削弱了强度。因此，需针对工业副产石膏的特点，明确建筑石膏适宜的粒径分布区间，以降低标稠需水量，提高强度。

磷石膏中的晶体粗大、均匀、多呈板状，这种颗粒结构导致磷石膏胶结材的流动性差、需水量大、硬化体性能差。而球磨处理可有效改善这种颗粒结构，使磷石膏的颗粒粒度变小，二水石膏的颗粒形貌和均匀尺度发生破坏，呈现柱状、板状等多样化变化，进而使得胶结材流动性大幅度增加，最终降低磷石膏的需水量，改善硬化体孔隙率高、结构疏松的缺陷，大幅提高基体强度。

2. 减水增强

建筑石膏完全水化的理论需水量仅 18.6%，但为满足施工性要求，用水量往往高达 60% ~70%，多余水分后期蒸发将造成硬化体疏松多孔，强度大幅削弱。通过减水剂的“吸附—静电斥力—分散”或“吸附—空间位阻—分散”等作用，有效释放出包裹在絮凝状结构中的自由水，增加石膏浆体的流动性。因此，添加减水剂可以使石膏浆体在较小水膏比下满足流动性要求，从而增加后期硬化体的致密性，降低孔隙率，改善孔结构分布特征，提高强度。

目前，常用减水剂种类有萘系 FDN（以下简称 FDN）、三聚氰胺系 SMF（以下简称 SMF）以及聚羧酸系 PC（以下简称 PC），其对建筑石膏物理力学性能的影响规律及作用机理如下所述：

随着 FDN 掺量增加，建筑石膏标稠需水量持续减小，并未发现临界掺量。FDN 能够大幅缩短建筑石膏的凝结时间，表明 FDN 具有增大水化放热速率、显著加快水化进程的作用。随着 FDN 掺量的增加，建筑石膏强度增大；当 FDN 掺量为 0.3% 时，试件 2h 抗压强度可增加 16%，绝干抗压强度可增加 20%。FDN 的分散作用使石膏颗粒受分子间作用力形成的絮状物减少，释放被絮状物包裹的受阻游离水，使建筑石膏的标准稠度用水量下降，强度提升。

SMF 能够显著降低建筑石膏的标准稠度用水量。当 SMF 掺量为 0.3% 时，标准稠度用水量降低至 60%，减水率高达 25%；当掺量超过 0.3% 以后，标准稠度用水量下降趋势明显减缓，表明 SMF 减水剂掺量为 0.3% 时其减水效果已经接近饱和，继续增加掺量减水效果增加得并不明显。随着 SMF 掺量的增加，建筑石膏的凝结时间开始无变化，当掺量超过 0.3% 后，凝结时间开始缓慢下降，表明 SMF 在适当掺量下对建筑石膏凝结时间的影响较小。随着 SMF 掺量的增加，建筑石膏强度不断增大，当 SMF 掺量达到 0.3% 时，石膏试件 2h 抗压强度可提升 37%，绝干抗压强度可提升 42%。

PC 的减水效率较高，临界掺量仅为 0.2%，减水率高达 25%，随着 PC 掺量的继续增大，标稠降低趋势明显减缓。PC 对建筑石膏的凝结时间影响很大，建筑石膏的凝结时间随着 PC 掺量的增加一直在延长。随着 PC 掺量的增加，建筑石膏整体强度不断增大，当 PC 掺量达到 0.3% 时，石膏试件 2h 抗压强度可提升 29%，绝干抗压强度可提升 32%。

减水剂种类及掺量对再生建筑石膏水化进程具有显著影响且作用效果各异：FDN 与 SMF 具有缩短诱导期、增大水化放热速率、显著加快水化进程的作用，且反应较剧烈，加速期持续时间短暂；而 PC 大幅延长了水化诱导期，具有显著的延缓水化进程的作用，掺量越大，作用效果越明显，且二水石膏析晶速率较小，水化加速期持续时间大幅延长，反应较温和。另外，虽然减水剂显著改变了再生建筑石膏的水化进程，但对最终水化放热量没有影响，表明半水石膏完全水化。

减水剂对再生建筑石膏的增强作用机理：在石膏浆体中，减水剂通过吸附作用，憎水性基团锚固在半水石膏颗粒表面，而亲水性基团伸展在水溶液中，形成双电层结构。静电斥力或空间位阻效应，使石膏颗粒处于悬浮状态，有效排出絮凝结构中包裹的多余自由水，起到分散的作用，从而增加石膏浆体的流动性，减小标稠需水量。水膏比的减小，导致硬化体中孔隙率降低，结构变得较为致密，从而大幅提高强度，这是减水剂具有增强作用的主要原因。此外，孔结构分布特征以及水化进程导致的二水石膏晶体形貌变化，也是影响减水剂增强效果的两个重要因素。硬化体中大孔数量越少，平均孔径与最可几孔径减小，孔径细化，从而能有效避免应力集中现象，对强度增加十分有利。如相同减水率下，SMF 对再生建筑石膏的增强效果最好。由诱导期延长、析晶速率降低、水化进程缓慢导致的二水石膏晶体形貌呈粗大短柱状，晶体之间搭接较差，则对强度起到负面作用，削弱增强效果。因此PC在掺量大于临界掺量时，由于引气造成的孔径粗化以及水化进程延缓导致的二水石膏晶体呈粗大短柱状等，对强度的负面作用凸显出来，大于减水率提高带来的正面作用，因此强度开始下降，增强效果被削弱。

可见，减水剂对建筑石膏的增强作用效果主要由三个因素决定：减水率的提高带来硬化体中孔隙率降低，孔隙率越低，强度则越高；引气等造成硬化体中大孔数量增加、孔径粗化，对强度具有削弱作用；水化进程对硬化体中二水石膏晶体形貌的影响，形成粗大的短柱状晶体之间搭接程度差，胶结力较弱，且一定程度上粗化孔径，对强度十分不利。

3. 矿物掺合料

掺入适量水泥可提高硬化体的强度。一般认为，水泥最佳掺量为10%，硬化体抗压强度达到最大值，特别是对28d强度的提高最为显著。这是由于水泥的水化速率远低于石膏的水化速率，一般石膏在7d左右就已经完全水化，因此早期强度主要由石膏提供。水泥对强度的影响主要体现在后期强度上，这是由水泥的水化特性决定的。但过量的水泥将导致硬化体强度降低，这是因为过多的水硬性成分又会对材料的内部结构产生破坏作用。为保证石膏基胶结材体积稳定良好，水泥掺量的适宜范围为5%～10%。掺加水泥后，大量的水泥水化产物吸附包裹在二水石膏表面，有利于加强二水石膏晶体间的胶结力，提高稳定性，同时有效填充硬化体中的孔隙，减小孔隙率，细化孔径，使结构致密程度得到显著增加，大幅提高基体强度。

矿渣具有较高的潜在活性，且其活性易于激发。矿渣能增强硬化体的强度，但过量的矿渣将导致强度下降。这是因为矿渣能有效提高硬化体强度，但过量的矿渣将使硬化体在干燥过程中开裂，导致强度降低。矿渣在碱激发及硫酸盐激发下均有一定程度的水化，水化产物C-S-H凝胶包裹覆盖在二水硫酸钙晶体表面，提高晶体间的胶结力和稳定性，并且填充硬化体中的孔隙，使结构变得密实，因此矿渣改性的建筑石膏的体积密度、强度、耐水性、热稳定性等性能均有所改善。另外，矿渣在碱激发方式下，水化活性得到大幅提高，水化放热量增加，水化产物数量增多，使硬化体结构更加密实，因此增强效果显著优于硫酸盐激发方式。

针对磷建筑石膏的特点，掺入一定量的石灰有利于提高磷石膏基复合胶凝材料的强度，但过量的石灰将导致硬化体强度的降低。究其原因：生石灰的水化产物是$Ca(OH)_2$，它能使磷石膏中可溶磷等有害酸性杂质转变为难溶盐，降低磷石膏中可溶性杂质对磷石膏硬化体的不良影响。该工艺简单、投资少、除杂效果显著，是目前应用最广泛的一种除杂改性的方法。但当生石灰掺加量过多时，会产生过多的$Ca(OH)_2$，使钙硅比过大，聚合度降低，不利于硬化体强度的提高。当生石灰外掺加量为3%～10%时，磷石膏基复合胶凝材料具有较高的强度。

4. 纤维增强增韧

建筑石膏属于脆性材料，抗裂性及抗变形能力较差，导致石膏板、石膏基抹灰材料等石膏建材由于受到外部荷载作用或内部湿度不均而产生内应力，极易产生变形、开裂等现象，从而严重影响材料的正常使用。通过掺加纤维来改善建筑石膏的脆性是一种较为有效的方式。纤维与石膏基体间可形成良好的粘接力，有效传递荷载，避免应力集中，两者间协同工作，从而降低脆性，提高韧性与抗裂性，起到增强阻裂作用。

聚丙烯纤维-磷建筑石膏复合材料在受到荷载作用时，磷建筑石膏基体中会产生微裂缝，并不断扩展，当这些微裂缝扩大遇到分散在磷建筑石膏基体中的短切聚丙烯纤维时，微裂缝的再扩展被抑制，所以聚丙烯纤维可以提高磷建筑石膏的抗折强度。另外，聚丙烯纤维可以很好地控制磷石膏基体的缺陷，使磷石膏材料的破坏由之前的脆性破坏变为延性破坏，从而增强复合材料的延性。

聚乙烯纤维增强磷石膏使材料的强度和延性得到提高，使材料由原先的脆性破坏转变成塑性破坏，改善了材料的力学性能。磷石膏复合材料的抗压强度随纤维掺量的增加，先增大，后减小。掺量在1.5%左右时，抗压强度达到最大值，强度提高约45%。这是因为在聚乙烯纤维增强磷石膏过程中，聚乙烯纤维充当桥梁作用，它与磷石膏之间的截面黏结力及机械咬合力传递和吸收了部分荷载，使试件的抗压强度得到提高。纤维掺量较少（≤1.5%）时，纤维稀疏地分布在石膏基体内，纤维间距较大，传递荷载并吸收荷载的作用随纤维掺量的增多而增加。当纤维掺量过多时，纤维不能均匀地分布在石膏基体内，有的甚至集结成团，形成试件的薄弱区，影响整体受力，从而造成试件的强度降低。上述结果是由于纤维的存在，在试件破坏时，胶结在石膏基体内的纤维像桥梁一样跨在裂缝之间，起到传力和限制裂缝扩张的作用，从而提高了材料的强度和延性。

玻璃纤维的掺量和分布对建筑石膏的抗压强度有较大影响。随着玻璃纤维掺量的增大，基体的抗压强度逐渐增大，但掺量超过一定值后，抗压强度将随掺量的增大而减小。玻璃纤维的掺量为1.5%时，磷石膏复合材料的抗压强度最高，比未掺加玻璃纤维的石膏强度提高约50%。在玻璃纤维增强磷石膏中，玻璃纤维和磷石膏之间主要是通过截面粘结力与机械啮合力传递荷载，玻璃纤维可起到传递荷载并吸收部分破坏能的作用，提高复合材料的抗压强度。当玻璃纤维掺量较低（0~1.5%）时，玻璃纤维不能全面分布于石膏基体内，因其分布稀疏、间距较大，不能很好地起到传递荷载的桥梁作用，对磷石膏基体的增强作用不能得到充分发挥，因此复合材料的抗压强度会随玻璃纤维掺量的增加而增大。然而，玻璃纤维掺量并不是越高越好，当纤维掺加量比较高（1.5%~3%）时，拌制过程中玻璃纤维集结成团，使搅拌困难，造成玻璃纤维在试件内分布不均匀，使试件内部的薄弱区域变大，从而影响整体的受力性能，使测出的抗压强度反而比未掺加玻璃纤维的抗压强度低。玻璃纤维可以很好的控制磷石膏基体的缺陷，使磷石膏材料的破坏由之前的脆性破坏转为延性破坏。

2

工业副产石膏煅烧生产线

脱硫石膏从原料到成品需要经过烘干、煅烧、冷却、改性、均化等一系列的步骤。

2.1 石膏煅烧生产线系统组成

上料系统（图 2-1）是将料场的脱硫石膏通过计量输送到烘干机里烘干的一些设备组成，主要设备见表 2-1。

图 2-1 上料系统

表 2-1 上料系统

设备名称	参数	单位	数量
原料斗	$10m^3$，Q235 钢 12mm	台	2
振打电动机	欧力 MVE100/3	台	8
密集辊皮带计量秤	DEL1040，裙边皮带	台	2
除铁器	YC-650	台	1
皮带机	B650-12m	台	1

装载机将脱硫石膏储存在原料斗中，经皮带秤计量后，根据设定的加料量均匀稳定地通过皮带机输送到烘干机内部。

电厂生产出来的脱硫石膏一般含有 12% ~20% 的游离水，导致脱硫石膏的黏性很强，给后续的输送生产造成很大的困难。将表面的游离水减少到 3% 以下，使脱硫石膏有一定的松散度，使用蒸汽烘干。由于蒸汽温度在 300℃ 以下，温度较低，而且蒸汽不能作为直接烘干热源来使用，必须经过密闭设备换热，这就造成了蒸汽烘干设备特别容易黏附石膏，蒸汽烘干黏附石膏以后烘干效率就会大大下降，所以烘干设备的选择对于脱硫石膏的生产非常重要。目前针对蒸汽烘干主要的烘干设备有以下几种。

2.1.1 桨叶式烘干机

桨叶式烘干机（图2-2）采用锰钢结构，主要由带有夹套的W形壳体和两根空心桨叶轴及传动装置组成。轴上排列着中空叶片，轴端装有热介质导入的旋转接头。干燥水分所需的热量由带有夹套的W形槽的内壁和中空叶片壁传导给物料。在物料干燥过程中，带有中空叶片的空心轴在给物料加热的同时又对物料进行搅拌，从而进行加热面的更新，具有较高的传热效率和传热面自清洁的功能。它是一种连续传导加热干燥机。

图2-2 桨叶式烘干机

加热介质为蒸汽、热水或导热油。加热介质通入壳体夹套和两根空心桨叶轴，以传导加热的方式对物料进行加热干燥。不同的物料，空心桨叶轴结构有所不同。

物料由加料口加入，在两根空心桨叶轴的搅拌作用下，更新界面，同时推进物料至出料口，被干燥的物料由出料口排出。

市场现有煅烧设备情况：

（1）设备结构紧凑，装置占地面积小。由设备结构可知，干燥所需热量主要由密集地排列于空心轴上的许多空心桨叶壁面提供，而夹套壁面的传热量只占少部分。所以单位体积设备的传热面大，可节省设备占地面积，减少基建投资。

（2）热量利用率高。干燥所需热量不是靠热气体提供，减少了热气体带走的热损失。由于设备结构紧凑，且辅助装置少，散热损失也减少，热量利用率可达80%～90%。

（3）楔形桨叶具有自净能力，可提高桨叶的传热效率。旋转桨叶的倾斜面和颗粒或粉末层的联合运动所产生的分散力，使附着于加热斜面上的物料易于自动清除，使桨叶保持高效的传热功能。另外，由于两轴桨叶反向旋转，交替地分段压缩（在两轴桨叶斜面相距最近时）和膨胀（在两轴桨叶面相距最远时）斜面上的物料，使传热面附近的物料被剧烈搅动，提高了传热效率。楔形桨叶式搅拌干燥器的传热系数较高，为85～350W/（m^2·K）。

（4）气体用量少，可相应地减少或省去部分辅助设备。由于不需用气体来加热，因此极大地减少了干燥过程中的气体用量。采用楔形桨叶式干燥器只需少量气体用于带走蒸发出的湿分。气体用量很少，只需满足在干燥操作温度条件下，干燥系统不凝结露水。由于气体用量少，干燥器内气体流速低，被气体挟带出的粉尘少，干燥后系统的气体粉尘回收方便，可以缩小旋风分离器尺寸，省去布袋除尘器或缩小布袋除尘器规模。气体加热器、鼓风机等规模都可缩小，节省设备投资。

（5）物料适应性广，产品干燥均匀。干燥器内设溢流堰，可根据物料性质和干燥条件调节干燥器内物料滞留量，使干燥器内物料滞留量达筒体容积的70%～80%，增加物料的停留时间，以适应难干燥物料和高水分物料的干燥要求。此外，还可调节加料速度、轴的转速和热载体温度等，在几分钟与几小时之间任意选定物料停留时间，因此对于易干燥和不易干燥物料均适用。另外，干燥器内虽有许多搅拌桨叶，物料混合均匀，但是，物料在干燥器内从加料口向出料口流动基本呈活塞流流动，停留时间短，产品干燥均匀。

（6）适用于多种干燥操作。楔形桨叶式干燥（图2-3）可通过多种方法来调节干燥工艺条件，且操作要比流化床干燥、气流干燥更容易控制，所以适用于多种干燥操作。

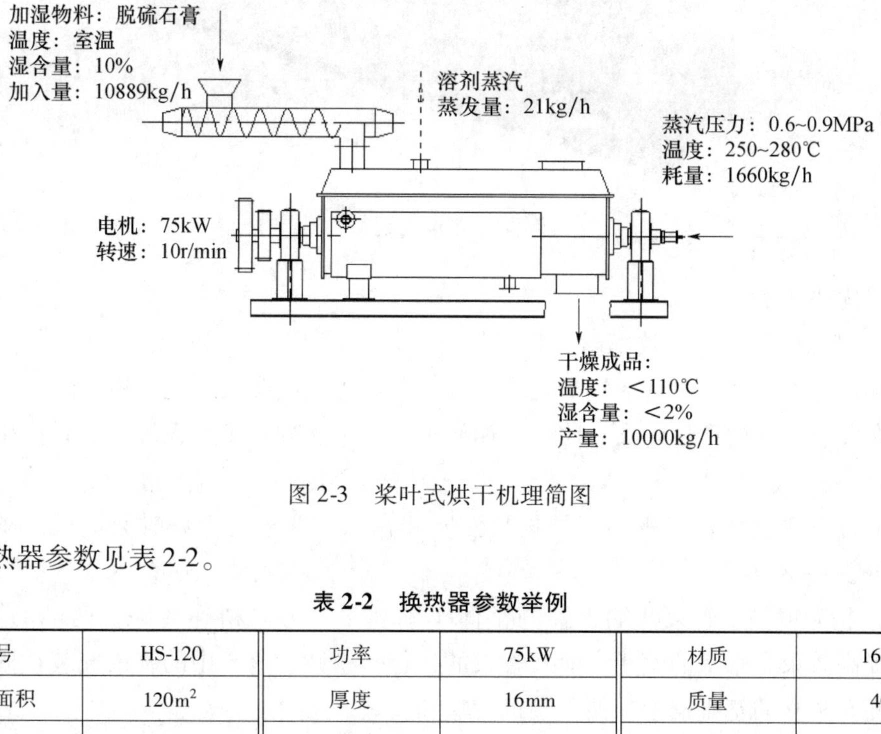

图2-3　桨叶式烘干机理简图

换热器参数见表2-2。

表2-2　换热器参数举例

型号	HS-120	功率	75kW	材质	16锰
换热面积	120m^2	厚度	16mm	质量	40t
长	11m	宽	2.2m	高	2.4m

2.1.2　管束式烘干机

管束干燥机（图2-4）利用热传导和热辐射原理，蒸汽在管束内与物料呈逆流或顺流方式，物料在负压封闭腔内通过管束上的铲板搅拌和推动，由进料端向出料端移动。

一部分成品物料通过卸料槽到卸料螺旋，经排料关风机排出；另一部分成品通过返料关风机到混料螺旋，经输送搅拌机与湿物料充分搅拌混合，降低原始湿物料的含水量，达到干燥机的理想工作条件。物料的干燥可为顺流，也可为逆流。管束干燥机工作时，物料由进料螺旋输送机（绞龙）送入机内，通过管芯外缘的抄板将物料抄起，使之均布在筒体截面，同时推动物料沿轴向前进，使物料被连续地从干燥机的一端均匀推进到另一端，由出料装置排出。与此同时，蒸汽从管芯一端通过旋转接头、空心轴进入蒸汽均布腔，均匀地进入管束换热器，热能通过管壁被传递到物料容腔，加热和干燥物料。蒸汽降温形成的冷凝水通过冷凝水排出系统从管芯另一端排出，物料干燥后的废气则由风机引出，经除尘后排空。

图 2-4　管束式烘干机

系统优势如下：

（1）动力电耗低，热效率高。汽耗如下：每蒸发 1kg 水需要 1.2 ~ 1.4kg 蒸汽。干燥机内部核心部件管束由优质锅炉钢管制成，采用先进的胀接工艺，极大地吸收和消除了管束在转动过程中产生的交变应力，彻底解决了传统焊接工艺在焊缝处易产生断裂的缺陷。

（2）干燥弹性大。能视不同的物料性质和含水率要求对干燥时间进行调整，可干燥高水分物料。

（3）精确度高。管束两端半轴的整体车削加工，可以精确地保证两端的同轴度，极大地提高管束主轴承的使用寿命及管束的运行平稳性。该机中的管束安装在固定的轴承上并配有独立的基础框架，便于整机运输和安装。

根据物料干燥特性及干燥曲线而特殊设计的管束翻料铲板、推料铲板和卸料铲板，可以使不同物料达到最佳的干燥效果。通过排料槽中的隔板来控制物料在机内的物料量和干燥时间。

（4）自动化程度高。能连续生产，对特殊生产工艺，也可间歇生产；作业环境清洁，无污染，噪声低；适用面广。

（5）干燥方式灵活多样。既可顺流干燥，也可逆流干燥，能适用于有一定热敏性物料的干燥。

（6）运输及安装较为方便。该机中的管束安装在固定的轴承上并配有独立的基础框架，便于整机运输和安装。

（7）适用面广。对不同相对密度、粒度、含水量的颗粒状、纤维状、粉状的松散物料均能获得良好的干燥效果。

（8）占地面积小，工艺紧凑。该机附加配套设备少，占地面积小，工艺紧凑，受磨损件极少，易于安装。

2.2
系统核心——煅烧设备解析

国内目前主要使用的煅烧设备是沸腾炉。物体可分为固体和流体（液体、气体）两类。固体和流体的物理性状有很大的区别。所谓固体流态化，就是让固体颗粒通过与流体接触而转变成类似流体状态的操作。固体流态化以后可使某些工艺过程简化和强化，甚至使原来不可能的事情变成可能。例如，发热量很低的煤矸石，在一般的锅炉中无法燃烧，但在流化床锅炉中就能稳定地燃烧。因此，流态化技术已被日益广泛地应用于各种工业生产过程。在这里只介绍一些与石膏沸腾煅烧有关的基本概念。

在一个圆筒形容器的底部，装有一个多孔板，多孔板上方装有一定高度的石膏粉层。气体通过多孔板进入料层并穿过料层向上流出。当气流速度较低时，颗粒层是静止不动的，气体从颗粒之间的间隙通过，这种状态的颗粒层称为固定床。当气流速度逐渐增加到某个临界速度，气流对固体颗粒的向上推力与颗粒的重力相等时，固体颗粒被气体吹起而浮于气体中，在一定的空间内做无规律的沸腾运动，床层开始膨胀和变松，空隙率比固定床增大许多，但床层仍有一个明显的上界面，整个床层具有了类似液体的性质，这种床层就称为流化床。如果气流速度继续增大，流化床会出现很大的不稳定性，床内固体的颗粒成团地跳动，气体主要以气泡形式通过床层上升。床层内有两种聚集状态：一种是大体上处于临界流化状态的低空隙率的区域，称为密相区；另一种是只有稀散固体颗粒高空隙率的区域（即气泡），称为稀相区。高于临界流速的气体以气泡形式沿着床层上升，在上升过程中互相合并长大，到达床层上界面时气泡破裂，因此床层上界面很不稳定，上下波动，整个流化床看起来就像一锅剧烈沸腾的液体，这种性状的床层叫作鼓泡床。继续增大气流速度，当气流速度大于固体颗粒的悬浮速度时，流化床上界面消失，颗粒将被气体带出容器，这样就不再是流化床，而成为气流输送了。固体颗粒实现流态化后，流化床就具有了类似液体的性状，例如，它可以浮起大而轻的物体；床层具有了液体那样的流动性；当容器倾斜时，床层上界面保持水平；物料可在容器壁上的小孔喷出；如果将两个流化床容器底部相连通，物料自动由高位床层流向低位床层，直至上、下两个床层上界面平衡为止；床层中任意两点的压差大致等于两点间的静压力。

1. 石膏沸腾煅烧炉的工作原理

石膏沸腾煅烧炉的床层状态属于前面所描述的鼓泡床，因此将这种炉子形象地称作“沸腾炉”。沸腾炉煅烧部分为一个立式直筒状容器，在其底部装有一个气体分布板。气体分布板可设计成多孔板或者分布许多小风帽，目的是在停止工作时支撑固体粉料不致漏粉，在工作时使气流从底部均匀地进入床层。在床层的上界面以上装有连续进料的投料机。在床层上界面处的炉壁上有溢流孔，用于出料。在床层内装有大量的加热管，管内的加热介质为饱和蒸汽或载热油，热量通过管壁传递给管外处于流态化的石膏粉，使石膏粉脱水分解。在煅烧部分上部装有一个静电除尘器，气体离开流化床时带出来的少量粉尘由静电除尘器收集后自动返回流化床，已除尘的尾气由排风机抽出，排入大气。正常工作时，从沸腾炉底部鼓入空气，通过气体分布板进入流化床。鼓入的空气不需要很多，稍稍超过临界气速，使床层实现流态化即可。此时淹没在流化床中的加热管向物料传递大量的热量，使二水石膏粉达到脱水分解的温度，二水石膏就在流化床中脱去结晶水并变为蒸汽，这些蒸汽与炉底鼓入的空气混合在一起，通过床层向上运动，由于蒸汽量比鼓入的空气量多得多，所以整个鼓泡床的流态化主要是靠石膏脱水形成的蒸汽来实现的。由于在流化床中粉料剧烈地翻滚、混合，所以整个流化床中各处物料的温度和成分几乎一致。连续投入的生石膏粉一进入床层，瞬间就与床层中大量的热粉料混合均匀，在热粉料中迅速脱水分解。为了避免刚加入的生料未完成脱水过程就过早短路排出，设计时在炉子中加了一块隔板，将流化床分成大小两部分，且两部分底部是连通的。生石膏粉先进入大的部分，在此脱掉大部分结晶水，然后通过下部的通道进入小的部分，在这里完成最终的脱水过程，再由床层上部自动溢流出炉。

2. 石膏沸腾煅烧炉的特点

(1) 设备小巧，生产能力大。沸腾炉生产能力的大小实质上是由热源通过加热器壁传递给物料的热量的多少决定的。其传热方程式为

$$Q = K \times F \times \Delta t$$

式中 Q——由热源通过加热器壁传递给物料的热量（kJ/h）；

K——传热系［W/（m^2·K）］；

F——加热器传热面积（m^2）；

Δt——热源与物料的温度差（℃）。

沸腾炉内物料实现了彻底的流态化，因此炉内不需要安装搅拌设备。在炉内就可以高密度地安装很多加热管，因此尺寸不大的炉子也可以有非常大的传热面积。

另外，沸腾炉的热源为饱和蒸汽或载热油，其传热系数 K 比以热烟气为热源的设备的传热系数高出一个数量级。从传热方程式就可看出，由于传热系数和传热面积都较大，总传热量 Q 也就大，这说明沸腾炉的生产能力比较强，比如产量为 5～6t/h 的沸腾炉，直径只需 2m，而产量为 20t/h 的沸腾炉，其直径也只有 3m 就足够了，这是其他传统的外热式煅烧设备无法相比的。

(2) 结构简单，不易损坏。由于物料实现了流态化，炉子不需要有转动的部件，炉子的结构就简单得多，不但制造简单，投产后也几乎不需要维修保养。由于用的是低温热源（蒸汽 200℃，载热油约 260℃），炉子在任何情况下都没有被烧坏的危险，设备使用寿命也较长。

(3) 设备紧凑，占地少。沸腾炉是立式布置的设备，除尘器套在炉体上方，与炉子连成一个整体，设备非常紧凑。不但占地面积小，还可以避免除尘器结露。

沸腾炉的热能消耗和电能消耗都较低。热能方面：从热源传递给物料的热能，除了

小部分用于加热炉底鼓入的冷空气以及少量的炉体散热损失外，绝大多数热能都有效地用于物料的脱水分解。炉子本身的热效率在 95% 以上，但沸腾炉所使用的是二次热源，其最终的热效率还要将沸腾炉的热效率乘以锅炉的热效率，而蒸汽锅炉或热油锅炉都是很成熟的热工设备，其热效率还是比较高的，蒸汽锅炉的热效率一般能达到 60% ~ 70%，热油锅炉的热效率能达到 70% ~80%。因此沸腾炉总的热效率是比较高的，以蒸汽为热源，热效率可达 57% ~67%；以热油为热源，热效率可达 67% ~76%。一般的外热式煅烧设备虽然直接使用一次热源，但热效率很少能超过 50%，国内沸腾炉的热耗指标为 7.7×10kJ/t 建筑石膏。电能方面：沸腾炉无须转动，也没有搅拌机，物料主要是靠石膏脱水产生的水蒸气来实现流态化的，需要在炉底鼓入的空气也很有限，因此鼓风机的功率也很小，沸腾炉的电能消耗比传统的煅烧设备少得多，如生产 3×10^4t 建筑石膏粉所用沸腾炉的装机容量为 30kW 左右。

（4）操作方便，容易实现自动控制。流化床有一个特点，就是床层中物料温度一致，因此操作中只要控制物料一个设定温度，就可以连续稳定地生产出合格产品。单一的控制参数，很容易实现自动控制。

（5）产品质量好，熟石膏相组成比较理想，物理性能稳定。由于采用低温热源，石膏不易过烧，只要控制出料温度合适，就可做到成品中不含二水石膏，无水石膏Ⅲ在 5% 以内，其余均为半水石膏。这样的相组成很理想，物理性能也很稳定。

（6）基建投资少，运行费用低。由于沸腾炉小巧、结构简单、占地少，因此基建投资较同等生产规模的其他类型煅烧设备节省，投产后，由于能耗较低、维修工作量少、使用寿命长，因此运行费用也较省。

必须采用二次热源，是沸腾炉的局限性，既然要求采用二次热源，工厂就必须用蒸载热油锅炉与之配套。一般的石膏制品厂，除煅烧石膏外，其他部分也会用到热源。因此在建厂设计时可通盘考虑，全厂采用统一的热源。

2.3 生产工艺与控制

1. 生产工艺流程

以蒸汽或载热油为热源的石膏沸腾煅烧炉，其生产工艺流程，物料的流程和气体的流程是一样的，不同的是供热介质。

(1) 物料流程

生石膏由生料仓出来，经变速计量螺旋输送机均匀地送入沸腾炉，撒落在主炉流化床上，由于在流化床中剧烈地翻滚，冷的生石膏粉瞬间就与流化床中原有的热石膏粉混合均匀，在稳定的温度下脱水分解。由于从副炉连续溢流出料，由主炉连续进料，两边的床层存在一个较小的料位差，物料就不断地通过底部的通道由主炉进入副炉的床层，物料中残余的生石膏在设定的温度下完成脱水过程，在出料中自动溢流出炉子，进入熟料中间仓。如果生产系统中有熟料冷却装置，则熟料可从沸腾炉溢流出来，直接进入冷却装置。

(2) 气体流程

空气经过空气过滤器用罗茨鼓风机加压后送入沸腾炉底部，通过气体分布板的小孔，均匀地吹入流化床。这部分空气的数量有限，但它是使床层实现和维持流态化所必需的原始动力。流化床中的二水石膏在分解温度下迅速脱掉结晶水，结晶水直接变成蒸汽并和鼓入的空气混合在一起，以剧烈的鼓泡形式通过床层。水蒸气的体积远比空气大，是维持流态化的主力。混合气体离开床层，进入炉体上部的电除尘器，气体中所夹带的石膏粉尘在静电除尘器中被分离下来，重新掉落回流化床。净化后的尾气已合乎排放标准，经排风机抽出，排入大气中。

(3) 加热介质流程

① 以水蒸气为加热介质的流程

一定压力（一般为1～2MPa）的饱和蒸汽由进汽管进入沸腾炉加热器，加热器由许多并列的加热管组成，蒸汽会自动充满加热管内的空间。水蒸气在加热管内壁上冷凝，放出潜热，通过管壁传递给物料。冷凝水则在重力的作用下自动从加热器下部流出，进入冷凝水罐，冷凝水罐应保持一定的液位，以防止加热器灌满冷凝水而停止工作或者冷凝水罐排空后蒸汽泄漏。从冷凝水罐底部流出的高压气凝水（压力与供气压力相同）在进入膨胀罐后由于压力降低而二次沸腾，产生的二次蒸汽可以加以利用或放空。降压后的冷凝水自动流回锅炉房，被重新利用。

② 以载热油为加热介质的流程

一定温度的载热油（一般为250～260℃）由供油管进入加热器，加热器通常由若干组加热管组成，必须使载热油均匀地进入第一组加热管。载热油的热量传给物料后，载热油本身的温度降低，然后离开加热器，经回油管回到热油锅炉重新加热后循环使用。

2. 生产控制及产品质量

(1) 生产控制

在生产过程中，石膏沸腾煅烧炉有一些参数会发生变化，从而影响煅烧工艺的过程和产品质量。但在实际生产中不可能也不需要对所有工艺参数都加以严格的控制，我们只需要牢牢控制住关键性工艺参数，就能保证产品的质量。下面对几个工艺参数做一些必要的说明。

① 石膏原料的品位。石膏原料的品位即原料中二水石膏的含量，品位会影响到产品的性能。一般来说，品位越高，成品的质量越好，但在煅烧过程中消耗的热量也越多。也就是说，炉子的产量越低。

② 石膏粉的粒度。流化床的气速调节与物料的粒度有关。但在沸腾炉的工作状态下，沸腾气速远远超过临界气速，因此炉子对原料的粒度变化并不敏感。通常石膏粉的粒度控制在 80 ~ 100 目就能满足产品的使用要求。

③ 生石膏粉的游离水含量。石膏粉中游离水过高，粉料就有结块的倾向。沸腾炉中设有强制性的搅拌装置，有限的气流无法将成团的湿料吹散，则流态化就维持不下去。因此原料中游离水的含量不能过高，应控制在 5% 以内。

④ 炉底鼓风量和风压。对于流态化工艺而言，这两项是重要的技术指标，但为了沸腾炉的操作方便，在生产中对这两个参数不加控制，只需在设计时根据实践经验选择最经济合理的鼓风机即可。

⑤ 炉顶气体温度和气压。通过流化床的气体温度与床层的物料温度一致，这是流化床的特性之一。沸腾炉顶部的气温可达 150℃左右，远远高于露点温度，因此炉顶只要保温良好，就不会结露。炉顶的气压可通过改变排风机的排风量来调节，使炉顶维持在微负压状态，以改善沸腾炉的操作环境。

⑥ 加热介质的控制。若以蒸汽为加热介质，在生产中只需要有一个相对稳定的蒸汽压力就可以，通常用进气阀门来调节蒸汽压力。蒸汽用量与投料量呈正比例关系，不需要调节。若是以导热油为加热介质，在生产中只需要有一个相对稳定的热油温度就可以。通常用进油阀门来调节热油流量。

⑦ 床层物料温度。床层物料温度是最重要的一个工艺参数。床层物料温度自动控制系统是沸腾炉操作控制中的核心部分。沸腾炉出料温度是最重要的一个指标，它决定了石膏煅烧质量的好坏。温度过低，石膏就欠烧；温度过高，又可能过烧。因此，对某种原料而言，必须选定一个合适的出料温度，在生产过程中严加控制，使成品温度控制在设定温度 ±5℃左右。如前所述，沸腾炉内装有一个隔板，将床层分成主炉和副炉两个部分。物料在主炉中完成大部分脱水，然后进入副炉部分完成最终脱水过程。在主、副炉的加热面积已经固定的情况下，主、副炉的物料温度在生产过程中会自动形成温度差，一般副炉内物料温度比主炉内物料温度高 20℃左右。在生产过程中，一般以副炉

料温（即出料温）为控制参数，主炉料温则自动随着副炉温度同步移动。

⑧ 投料量。在实际生产中，沸腾炉自动控制系统的工作原理实质上就是以调节投料量为手段，将料温控制在一个设定的范围之内。由于这是一个单一的控制参数，比较容易实现。在工况较正常时，料温的变化几乎是一条直线。

（2）产品质量

由于沸腾炉采用低温热源，石膏不易过烧，炉内料温也很容易控制在理想范围内，因此成品可以做到不含二水石膏，无水石膏Ⅲ含量也只在5%以内，其余均为半水石膏。这样的相组成很理想，产品陈化后，物理性能非常稳定，完全符合建筑石膏的国家标准。沸腾炉所生产出来的熟石膏在制造石膏制品时也体现出质量优良、性能稳定的特点。哈尔滨石膏板厂第一个采用沸腾炉煅烧石膏。据生产工人介绍，使用沸腾炉所生产的熟石膏在纸面石膏板生产线上，配料时既不用加促凝剂，也不用加缓凝剂，就能稳定地生产石膏板。

2.4
主要设备及技术性能

1. 主要设备

(1) 炉子

沸腾炉由炉体和上部的除尘器组成，两者连成一体不可分割。沸腾炉的炉体大体上是一个立式的筒形容器。这个容器的截面可以是圆形，也可以是方形或者其他形状。因为固体流态化以后，性状就如同液体，用什么形状的容器来装都没有关系。实际上为了方便安装加热器，通常将沸腾炉设计成正方形截面的直筒。炉体内装有许多立式加热管。其设计原则是在物料能畅通的前提下，尽可能多安排一些加热管，以增大传热面积。如需要，还可以在加热管外加上翅片，以扩大传热面积。

炉体内有一块垂直方向的隔板，将炉体分成主炉和副炉两部分，这两部分的底部是相通的，床层变成一个U形管，所有粉料都必须走完从主体炉由上而下，再经过副炉由下而上的全过程，以避免物料走短路，过快地离开炉子。

炉体直筒的底部有一块水平的气体分布板，上面开有许多小孔或风帽。分布板的功能一是在停炉时承托炉内的粉料；二是工作时使鼓入的空气均匀进入粉料层。分布板的下方为锥形炉底，空气就从这里鼓入炉子。

炉子的进料设备为一个变速螺旋输送机，安装在流化床的上方。生料从炉外连续进入，均匀地撒落在全炉的流化床上。溢流出料口在副炉的流化床上界面处，成品熟料自动溢流出炉。

流化床的底部紧靠气体分布板处还有一个放料口，常用旋塞阀关闭，停炉时可将炉内的粉料放空。

在沸腾炉体上方直接安装有一个立式除尘器，与炉体连成一体，炉气带出的粉尘被静电除尘器分离下来，经振动自动掉落回流化床。除尘后的尾气，由抽风机排放到大气中。

(2) 其他设备

① 鼓风机。鼓风机是沸腾炉可实现流态化的必要设备。从炉子底部气体分布板鼓入的空气用气量必须能使床层实现起始的流态化。其气压必须能克服床层物料柱的阻力，石膏粉流化床的1m高度料柱的阻力约60kPa，沸腾炉的床层高度一般为4～5m，也就是说，鼓入的空气压力必须达到31.92～292.6kPa。这种风压要求一般选择罗茨鼓风机。

② 抽风机。为了将炉子的废气顺利排出，要在炉顶安装一台抽风机，一般选择一台低压离心风机就可以。

③ 进料机。沸腾炉进料机一般选用变速螺旋输送机，安装在流化床上方。生石膏粉连续进入，均匀地撒落在床层上。进料机的速度由温度控制系统自动控制，以调节进料量的方式维持炉内稳定的料温。

④ 成品中间仓。沸腾炉的下方一般设置一个熟料中间仓。正常生产时炉子出料就直接通过串筒落入中间仓。停炉时打开炉子底部的放料旋塞，炉内的粉料就会在几分钟之内全部放空进入中间仓。所以，中间仓的容积要足够容纳一炉容量的粉料。

⑤ 冷凝水储罐和闪发罐。若炉子以蒸汽为热源，就需要这两个罐子。蒸汽冷凝水由炉内加热器靠自身压力流入冷凝水罐，冷凝水罐要维持一定的水位。若此罐满了，冷凝水会留在加热器内，加热器就不起作用了；若罐子空了，蒸汽就会外泄，造成浪费。冷凝水进入闪发罐后，由于压力降低，冷凝水会重新沸腾，产生二次蒸汽。二次蒸汽可加以利用，也可以排空，闪发后的冷凝水自动流回锅炉房，重新利用。

（3）国内应用情况

沸腾煅烧炉在1980年首先在哈尔滨石膏板厂试验成功，投入使用至今已有40余年的历史，这台炉子以蒸汽为热源。在20世纪90年代，以蒸汽为热源的沸腾炉相继在山东泰安、江苏徐州等石膏板厂投入生产，以载热油为热源的石膏沸腾煅烧炉也已于1995年在湖北荆门投入生产。2000年以来，沸腾炉在国内已建成年产$5\times10^4\sim20\times10^4$t不同规模的定型设备，广泛用于中小型建筑石膏粉企业。该炉除煅烧天然石膏外，还可煅烧工业副产石膏。但由于炉内没有强制性的搅拌装置，有限的气流无法将成团的湿料吹散，料中的游离水不能过高，一般控制在5%以内，对于游离水大于10%的工业副产石膏，需另加一套烘干设备，如回转烘干机、气流烘干机等。据已应用沸腾炉企业的统计资料，煅烧天然石膏的热耗一般为$91.96\times10^4\sim112.86\times10^4$kJ/t（$22\times10^4\sim27\times10^4$kcal/t 产品），而煅烧工业副产石膏的热耗随二水石膏含水量的高低而变化，一般比天然石膏的能耗要高。

沸腾冷却器与沸腾煅烧炉相似，只是床层中没有设置加热器，若与沸腾煅烧炉配套使用，则更为合理。从沸腾煅烧炉出来的熟料，直接进入沸腾冷却器，经沸腾冷却后，温度可由160℃降至80～100℃。这种温度的熟石膏粉可作为成品包装或者直接用来制造石膏制品。

2. 技术性能

由于采用的是低温慢速煅烧工艺和可以调整石膏粉在不同脱水阶段的工艺参数，使用沸腾炉较易得到性能均匀的产品。产品性能见表2-3。

表2-3 产品性能

煅烧产品	标准稠度（%）	初凝时间（min）	终凝时间（min）	2h抗折（MPa）
天然石膏	68	7	10	2.2
氟石膏	71	6.5	11	2.3
磷石膏	76	5～15	8～25	2.4
脱硫石膏	59	5～8	9～14	3.4～3.6

2.5 粉料均匀化

当原料预均匀化效果达不到要求时，就要求对粉料进行均匀化来弥补不足。石膏建材行业中也在逐步使用粉料均匀化技术。特别是对没有采用原料预均匀化措施的成品，粉料均匀化具有重要意义。

成品粉料均匀化有两种方法，即气动均匀化和机械均匀化。

1. 气动均匀化

气动均匀化一般称空气搅拌，这是使物料成为混合细粒和粉状物料的一种最重要的方法。在料仓中，粉料充入压缩空气后体积膨胀，密度降低，颗粒外包有一层空气薄膜，提高了粉料的流动性，进一步充气就可以使粉料至悬浮状态，使其搅拌均匀。

工作过程：间歇地（分批）往料仓内喂料，通过料仓内底部的多孔板分区向料仓内鼓入空气，搅拌一定时间，使物料在料仓内循环。在同一时间内的只对一部分料仓底的多孔板区域鼓入空气，也就是做分区搅拌。多孔板的总面积占料仓底的55% ~75%。多孔板有条形、环形、交叉形等，板的形状决定了每次吹气的面积。空气搅拌系统包括充气多孔板和压缩空气管路两部分。多孔板为厚 20 ~ 25mm 的陶瓷板，上有 ϕ70 ~ ϕ990μm 的微孔，用粘结剂粘结。压缩空气由空压机输出经减压送至料仓，然后经配气分管进入各区。压缩空气的压力一般为0.2 ~0.3MPa。为了防止多孔板堵塞，通入料仓内的空气须保持干燥，因此管路上要设空气过滤器，且过滤器内装有焦炭，以分离空气中的水分和油，焦炭须定期更换。

2. 机械均匀化

机械均匀化也就是机械倒库，利用输送机械将（一个或数个）料仓中的粉料卸出，再用提升机将料喂入原料仓或其他料仓，使粉料循环流动，达到均匀化的目的。这种方式简单易行，在石膏行业中是行之有效的均匀化方法。

2.6 冷却系统

冷却器是一种连续操作的流化床式冷却器，采用空气冷却，将热石膏粉从150℃以上冷却至70～80℃。熟石膏粉冷却的目的是进一步稳定相组成，使其在储仓中不发生相变；另外是为了获得适合的料浆温度。在石膏砂浆生产中，石膏粉的最佳温度小于80℃，若熟石膏粉温度过高就会影响添加剂的使用量甚至开裂。冷空气通过底部进入，与石膏粉形成一个涡流层，不断通过冷却器，在涡流层中熟石膏粉和空气交叉流动。石膏粉受到梳理，不断地进行涡流运动并被排出。出口温度是通过调节涡流层的厚度和冷空气的流量来控制的。废气在除尘器内进行回收利用。排出的石膏由输送设备送至熟石膏储料仓中待用。

3

建筑石膏(脱硫)大生产工艺

我国对环境保护越来越重视，对燃煤电厂产生的大量脱硫石膏进行处理已经是大势所趋。石膏行业近几年发展迅速，烟气脱硫石膏已经成为石膏行业的战略性资源，脱硫石膏的应用蕴藏着巨大商机。但随着现今环保形势越来越严峻，电厂水洗脱硫石膏废水的处理成本较高，脱硫石膏存在含氯离子普遍较高的现象，导致部分地区质量合格的脱硫石膏成为紧缺资源。如今，国内烟气脱硫石膏综合处理利用已经走向正规化，其主要应用方式有制造石膏砌块、石膏腻子、抹灰石膏、模具石膏、纸面石膏板，作为水泥缓凝剂、土壤改性剂等。

3.1 大生产关键因素

3.1.1 脱硫石膏质量控制

质量合格且稳定的脱硫石膏是重要的战略资源，谁能率先拥有脱硫石膏，谁就能率先抢占石膏市场。

脱硫石膏应检测的项目包含水分，纯度（品位），整块分析，酸性不溶性物质，石英，残留碱性，酸碱度，氯化物，可溶性盐总量，可溶性钠、钾及镁、汞。

以上检测项目，若企业在日常生产中对所有项目进行检测则会比较烦琐。企业在日常生产中应着重对以下项目进行实时检测：水分、品位、氯离子含量、酸碱度、不溶性杂质含量，其余项目可定期进行。

3.1.2 脱硫石膏检测工作的关键点

（1）在分析过程中，应使用蒸馏水或去离子水或同等纯度的水。

（2）所用试剂应为分析纯试剂或优级纯试剂。

（3）用于标定与配制标准溶液的试剂，除另有说明外应为基准试剂。

（4）所用检测仪器应定期进行校验。

（5）科学处理检测数据。

3.1.3 脱硫石膏的预均匀化处理

脱硫石膏投入生产线之前除了检测含水量、纯度、杂质含量等指标外，为保障煅烧后的建筑石膏粉质量稳定，必须在储备料时对脱硫石膏进行预均匀化处理。

预均匀化处理的原理：采用纵向堆料，将每批进入堆料场的工业副产石膏纵向堆撒，取料时在垂直于料堆的纵向方向的横截面上取。这样每次取料的横截面上都有此前每次纵向堆撒的物料。

对于一些场地较大的企业，脱硫石膏料场储存空间充足，在环保条件达标的情况下，可以将脱硫石膏进行提前晾晒。这样做的好处：降低含水量，降低煅烧过程中的能耗，增加产能，生产过程中的数据证明，脱硫石膏含水量在3% ~4% 时，比含水量在6% ~8% 时产能提高 20% ~30% ；脱硫石膏晾晒过程中，在对脱硫石膏进行摊铺和收取时，对脱硫石膏也起到了很好的预均匀化作用。

3.1.4 工业副产石膏流程管理

根据各个企业的企业性质、管理模式、石膏种类、煅烧工艺等的不同，对工业副产石膏的管理方法也是多元化的。接下来以菏泽鲁润建材综合开发有限公司和江西天宏新材料科技有限公司脱硫石膏应用管理为例进行说明。

采购脱硫石膏前应与电厂进行多方面沟通，在供应量、价格、质量等多方面达成共识。

采购脱硫石膏时应实时检测脱硫石膏的含水量，在采购吨位中去除水分的质量，严格控制企业成本。

在环保形势越来越严峻的情况下，脱硫石膏一定要严格按照当地环保部门的相关要求进行储存。

以检测数据为依据，对脱硫石膏进行分区域储存。当进厂的脱硫石膏的质量差异较大时，应按照企业内部规定的指标范围进行分区域储存，这可大大提高后期建筑石膏粉的质量稳定性。

脱硫石膏投入生产线之前进行预均匀化处理，并对相应指标进行检测，达到要求方可投入使用。

企业应配置1～2名检测员进行脱硫石膏的相关检测，含水量2h检测一次，纯度12h检测一次，氯离子3h检测一次等，根据相应试验数据对生产工艺参数进行及时调整。只有经过严格的检测，才能保障客户用到质量合格且稳定的建筑石膏粉。

3.2 建筑石膏粉的质量稳定性

建筑石膏粉的质量及稳定性直接影响后续石膏制品的质量与稳定性，石膏粉的煅烧受到原材料、煅烧工艺等多方面的影响，只有选择正确的生产工艺加上严格的质量检测手段，才能生产出合格的建筑石膏粉。

3.2.1 基础理论知识

1. 石膏粉生产过程控制

石膏粉的生产是整个石膏产品的基础，只有控制好石膏粉的生产过程，生产出质量稳定可靠、性能优良的石膏粉，才能够保证后续石膏产品的质量，从根本上推动石膏产业的发展。

2. 原料对石膏粉生产质量的影响

在石膏粉的生产中，无论采用哪种技术、工艺、设备，生产哪种产品，原料都是产品质量的基础。

原料自身组分的影响：主要体现在其中所含有的附着水含量、杂质类别及含量、二水硫酸钙含量、颗粒大小方面。

原料自身成分波动的影响：无论是哪种原料，其自身成分波动对生产的影响更大，更难以控制。

3. 煅烧设备对产品质量的影响

建筑石膏的生产过程是将二水石膏转化为半水石膏的过程，而建筑石膏粉的质量，很大程度上取决于转化为半水石膏的比例和其他石膏相的比例。而这个转化过程是在煅烧设备内完成的，是由煅烧设备的类型决定的。

煅烧设备对产品稳定性的影响由设备类别、换热方式、设备结构、控制方式、工艺参数、供热方式、喂料方式等诸多因素决定，其中设备结构、换热方式、供热方式及喂料方式是较为常见的影响因素。

不同煅烧设备，其换热结构、换热方式、物料在设备内的运动形式、控制方式、物料粒度、换热时间等因素均会对产品性能产生影响；而同一种煅烧设备中，其控制参数（物料运动状态、温度、物料粒度等）也会对产品性能产生影响。

（1）生产辅助设施对产品质量的影响

在石膏粉的生产过程中，生产工艺及配置对产品质量有较大的影响。在影响产品稳定性的因素中，工艺环节具有很重要的调节作用，

（2）煅烧时间和煅烧温度对建筑石膏三相的影响

煅烧温度和煅烧时间对建筑石膏煅烧产物的性能会产生较大影响。不同温度和时间下的煅烧产物，其各项性能存在较大差异。

（3）残余二水石膏对脱硫建筑石膏性能的影响

脱硫建筑石膏中残余的二水石膏在其水化过程中起到晶核的作用，若煅烧产物中存在较多的二水石膏，容易产生快凝等现象。初凝和终凝时间随着残余二水石膏含量的增加而减少。

（4）煅烧温度对脱硫建筑石膏性能的影响

在最佳煅烧温度范围内，煅烧时间的长短决定了建筑石膏粉中无水相与二水相的含量。煅烧时间过短会导致二水相含量偏高，煅烧时间过长会导致无水相含量偏高。

（5）可溶性无水石膏（AⅢ）对建筑石膏性能的作用机理

在新生产的建筑石膏热粉中，如果可溶性无水石膏（AⅢ）含量高于4%，则建筑石膏粉活性高，水化热效应明显，初凝较快，经过陈化后，石膏粉中AⅢ含量会减少。

半水石膏粉煅烧最佳工艺：焙烧温度在（170±5）℃内，焙烧时间2h，熟石膏新粉结晶水含量约3.0%，通过陈化，控制结晶水含量在4.8%～5.2%，有利于提高熟石膏粉的质量。

（6）石膏脱水机理的热力学研究

在水蒸气分压低、温度高的区域，石膏直接脱水成可溶性无水石膏。随着水蒸气分压的升高，石膏在脱水时先生成AⅢ，然后吸附水蒸气水化生成半水石膏，整个脱水过程可表示为$CaSO_4 \cdot 2H_2O \longrightarrow CaSO_4 \cdot \frac{1}{2}H_2O$。随着水蒸气分压的进一步增加，石膏脱水生成半水石膏，在温度低、水蒸气分压高的区域，石膏是稳定相，不发生脱水反应。此外，用分子动力学模拟计算，表明可溶性无水石膏在高湿度的环境下具有吸附行为，计算结果证实，可溶性无水石膏在高湿度的空气中会水化生成半水相。

3.2.2 工艺流程

1. 烟气管式煅烧窑工艺流程（图3-1）

烟气管式煅烧窑可以通过控制入窑物料的粒度很好地调整产品的凝结时间，也可通过调整物料煅烧时间来调整产品的凝结时间，还可以通过调整窑体的转速与温度相匹配来调整产品的相比例，提高半水石膏相的比例。

2. 烟气管式煅烧窑在天然石膏中应用的工艺流程（图3-2）

对于天然石膏的煅烧，可以根据石膏的用途进行相关工艺参数的调节，其工艺流程大体相同。

3. 蒸汽管式煅烧窑工艺流程

目前，石膏采用蒸汽为热源的煅烧工艺主要有两类：一是采用二步法工艺；二是采用一步法工艺。蒸汽管式煅烧窑适应度高，可根据原料的含水率、煅烧窑形状等调整设备长度、管网设置、换热面积，可通过应用的参数调整窑的转速、安装斜度、出料方式，达到调整石膏不同煅烧温度、煅烧时间等目的。蒸汽管式煅烧窑如图 3-3 所示。

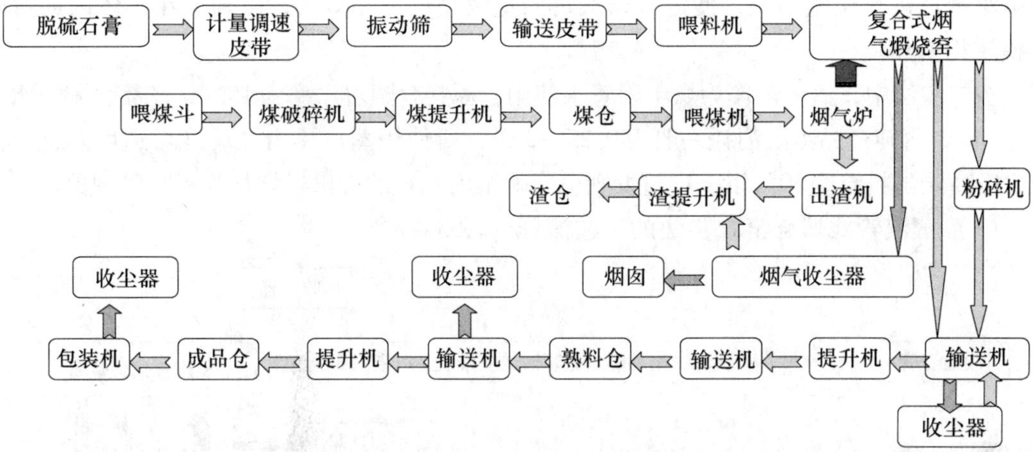

图 3-1　烟气管式煅烧窑工艺流程图

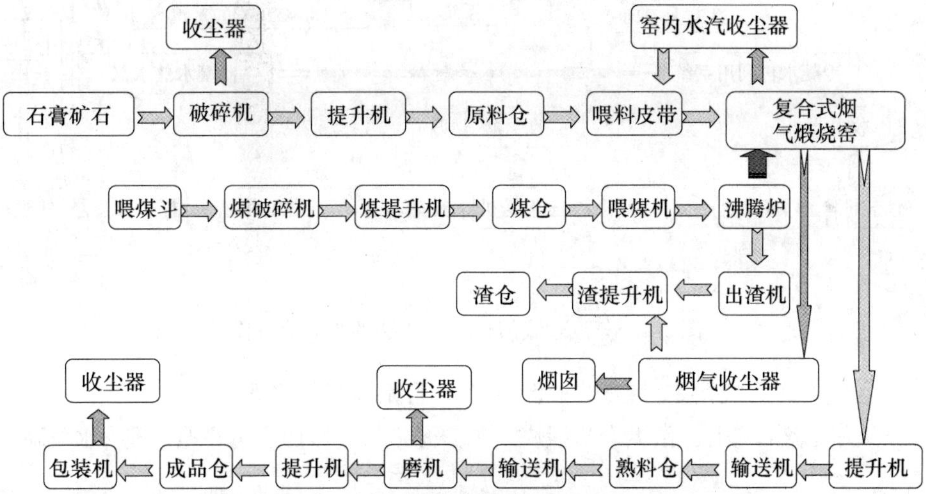

图 3-2　烟气管式煅烧窑在天然石膏中应用的工艺流程图

图 3-3　蒸汽管式煅烧窑

蒸汽管式煅烧窑作为一步法煅烧设备，对蒸汽的要求较低，一般蒸汽压力为0.8～1.2MPa，温度180～250℃均可使用。但由于蒸汽管式煅烧窑以蒸汽相变产生热量为主，必须对蒸汽进行调温调压，使进入蒸汽窑的蒸汽接近饱和蒸汽，以利于在窑体内通过管网释放相变热。

在二步法中，蒸汽窑作为烘干附着水使用，原料含附着水率为15%，产品含附着水率小于2%，每吨产品蒸汽消耗一般为0.25～0.3t；所使用蒸汽压力及温度可适度降低，但至少应高于出料温度30℃以上；过低则会影响窑内水汽的排出，增加物料粘管现象。

（1）蒸汽管式煅烧窑二步法的工艺流程（图3-4）

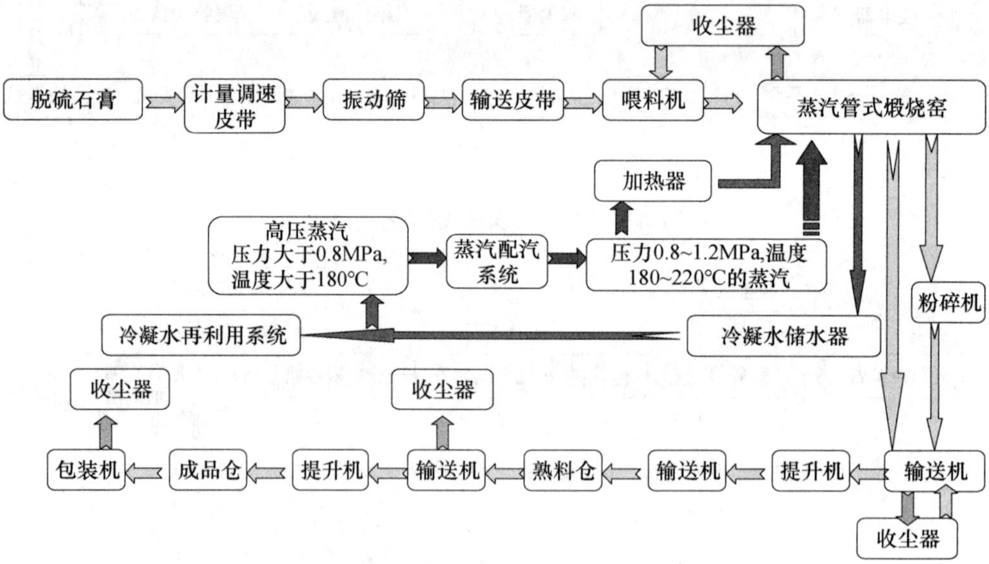

图3-4　蒸汽管式煅烧窑二步法的工艺流程图

（2）蒸汽管式煅烧窑二步法烘干设备的工艺流程（图3-5）

在二步法煅烧工艺中，预烘干与煅烧工艺分开进行，以便于更好地处理含水率高的石膏。

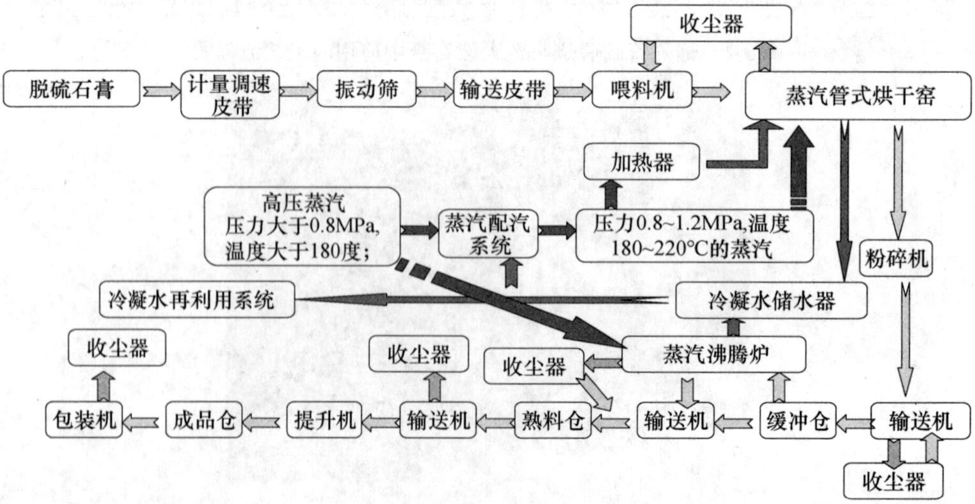

图3-5　蒸汽管式煅烧窑二步法烘干设备的工艺流程图

（3）蒸汽管式窑煅烧和烘干设备的应用（图3-6）

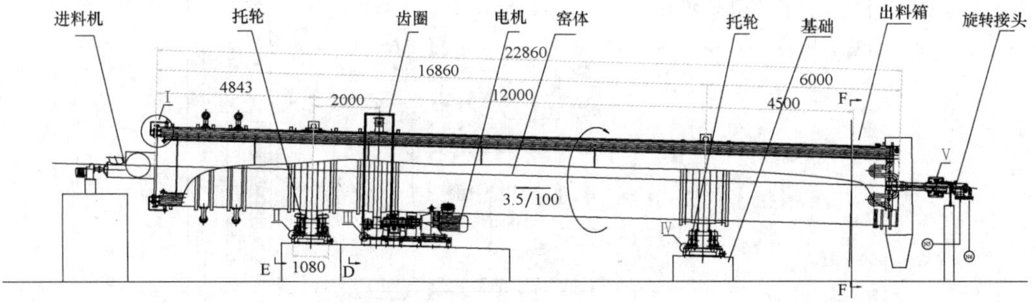

图3-6 蒸汽管式煅烧窑作为煅烧和烘干设备应用

蒸汽管式煅烧窑因其结构似回转窑，内布有大量蒸汽换热管道，运行时，蒸汽管道与回转窑同步转动，窑体的物料随窑体及管道的运动、搅拌不断换热，并因窑体的斜度及窑内导料板的作用不断向出料端移动，最终完成脱水烘干过程。采用不同手段进行改性处理后，一定可以生产出适合不同性能要求的熟石膏粉。

年产10万吨石膏粉生产工艺流程（燃煤型）如图3-7所示。

4. 分室石膏煅烧炉（图3-8）

分室石膏煅烧炉为一个内分多室的扁长状箱体容器，分上、中、下三层结构，中部为煅烧单元，下部为配风单元，上部为除尘单元。下部各室通贯，热风顺流方向通过各室，给各室提供热源。上部内置多组高效旋风子，将大部分石膏粉尘与含湿气体分离，石膏粉直接回落炉内，含湿气体进入下道二级除尘系统。

5. 炒锅工艺

炒锅为带有横穿火管的直圆形锅体。通过锅外壁、锅底及火管将热量传递给锅内的二水石膏，并靠机械搅拌和石膏脱水所产生的水蒸气及循环热气体的搅动而呈现流态化状态，在此状况下二水石膏脱水而成半水石膏，借助溢流原理连续出料。

（1）连续炒锅

连续炒锅是连续不间断地生产，只是最初有升温阶段，其他阶段温度大致恒定。当连续炒锅开始搅拌投料生产时，先将半空锅体预热，待锅体内部的物料温度达到110～120℃时，开始向锅内徐徐喂料，直至锅内满料后，停止喂料而使料温升至140～160℃达到物料完全沸腾，再继续喂料，当锅内物料料位达到溢流口的高度时，则物料自锅底排料管开始往外溢流排料。

（2）埋入式炒锅

埋入式炒锅是在原有炒锅的基础上，在不提高炒锅锅底温度的情况下，在锅内装入一个埋入式燃烧器，燃烧的热气体被直接喷向石膏料层，使热量和物料直接接触，进行热交换，进而提高热效率。

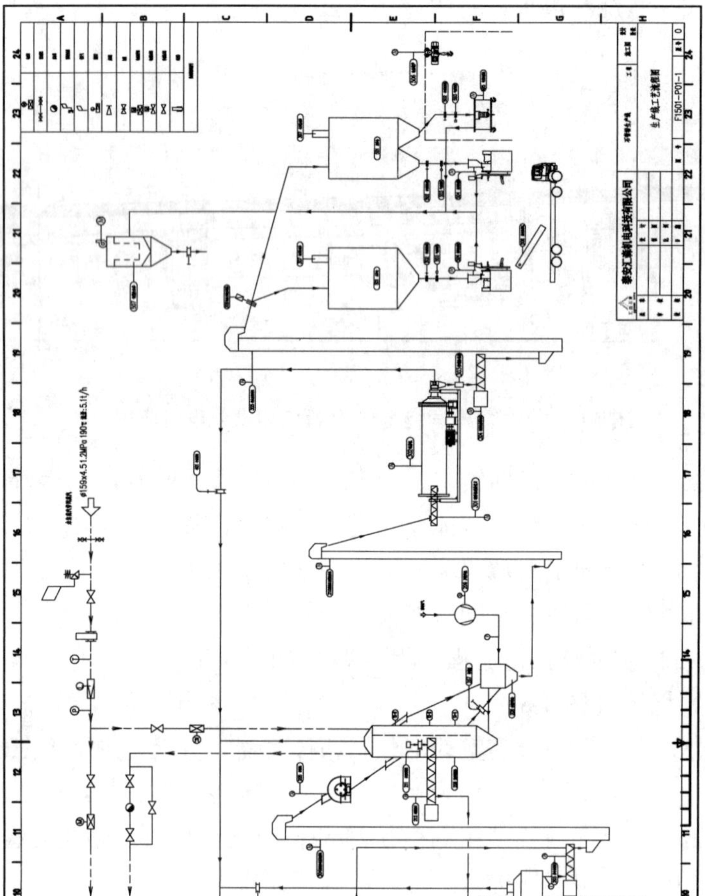

图3-7 年产10万吨石膏粉生产工艺流程图

图 3-8 分室石膏煅烧炉

6. 煅烧质量的主要控制点（表 3-1）

表 3-1 煅烧质量的主要控制点

热源名称	特　点	能耗指标	节能方法
煤沸腾炉	燃烧充分，温控不稳；含尘量大，产品污染；燃料最经济	15～20kg/t	5～10 万吨/年生产线，共用热源，烘干可用煅烧余热；10～50 万吨/年生产线，独立热源 + 煅烧余热
燃煤洁净热风炉	温控稳定，含尘量达标，产品无污染	15～20kg/t	
过热蒸汽	温度低，耗能大，无任何污染，除尘达国家标准	240～280kg/t	
燃气（燃油）热风炉	温控稳定，产品质量好，除尘达国家标准	8～10m^3/t	
煤粉燃烧器	热效率高，含尘量最大，不可以直接使用	13～18kg/t	

7. 设备选型的原则

（1）要了解和确定建筑石膏的下游产品是以什么为主。

（2）选择设备时要注意能源消耗的参数。

（3）对生产设备的投资要从性价比、产能结构方面多做了解和考核。

（4）选择能生产出满足石膏制品要求、质量稳定、性能良好的设备和工艺技术。

（5）无论哪一类煅烧设备，都必须满足生产工艺合理、操作简单、对各种流量和温度的控制手段灵活、参数准确明了的条件。

（6）有了好的煅烧设备，还必须具备完善、正确、可靠的化学、物理力学性能的测试设备和手段。

8. 脱硫建筑石膏的性能特点

（1）烟气脱硫石膏的粒径分布特征

烟气脱硫石膏的比表面积比天然石膏小，在水化硬化过程中流变性能差，易离析分层，导致制品的密度不均匀，故而一般应在脱硫石膏煅烧后进行改性，改善比表面积，提高其他性能。

（2）煅烧时间和煅烧温度对建筑石膏三相的影响

煅烧温度和煅烧时间对建筑石膏煅烧产物的性能会产生较大影响。不同温度和时间下的煅烧产物，其各项性能存在较大差异。

（3）石膏煅烧设备对脱硫建筑石膏性能的影响

石膏煅烧设备对脱硫建筑石膏的性能影响很大。制备不同用途的脱硫建筑石膏产品，应选用适宜的煅烧设备和工艺。

（4）在脱硫石膏煅烧工艺中磨机的布置方法及特点

磨机在脱硫石膏煅烧工艺中的布置一般有两种方式：一是布置在煅烧炉的出口，经过粉磨后进入陈化仓；二是布置在陈化仓后，经过粉磨后进入成品库。这两种不同的粉磨工艺各有特点。

（5）煅烧温度对脱硫石膏性能的影响

选择合适的煅烧温度可减少脱硫建筑石膏的二水相，增加凝结时间，提高强度。

在最佳煅烧温度范围内，煅烧时间的长短决定了脱硫建筑石膏粉中无水相与二水相的含量。煅烧时间过短会导致其中的二水相含量偏高，煅烧时间过长会导致其中的无水相含量偏高。

（6）脱硫石膏煅烧特征

脱硫石膏脱水时前半部分为脱游离水，后半部分主要为脱结晶水，脱水过程的前半部分物料温度上升速率较慢，排湿量大，后半部分物料温度上升速率较快，排湿量小。

（7）残余二水石膏含量对建筑石膏性能的影响

随着残余二水石膏含量的增加，标准稠度用水量增加、凝结时间变短，抗折和抗压强度均减小。为进一步分析残余二水石膏含量对脱硫建筑石膏性能的影响情况，通过掺加缓凝剂，考察脱硫建筑石膏凝结时间的减缓情况来判断两者间的关系。

（8）脱硫建筑石膏用于生产纸面石膏板时要进行再次粉磨的原因

经过煅烧后的脱硫石膏在热力分解作用下比脱硫石膏原料变得更细，但是粒度分布的均匀度并没有改变，级配的不合理依然存在。为了改善建筑石膏的颗粒级配及和易性，必须进行粉磨的改性。

（9）要控制好脱硫建筑石膏的粉磨细度

脱硫建筑石膏并非粉料越细越好，因为在一定范围内制品的强度随细度的提高而提高，但是超过一定值后，强度反而会下降或出现开裂现象。

（10）粉磨前后的脱硫建筑石膏与天然建筑石膏的不同点

未经过粉磨的脱硫建筑石膏粉与天然建筑石膏的溶解过程不同。用天然建筑石膏制备石膏净浆时，石膏会均匀地、逐步地被水浸润，膏浆上面没有游离水层，易搅拌。用未经过粉磨的脱硫建筑石膏粉制备石膏浆时，石膏粉倒入水中马上就沉到水底，而且搅拌时有受阻的感觉。

（11）经过改性粉磨的脱硫建筑石膏与天然建筑石膏粒径分布特征

脱硫建筑石膏经过改性粉磨后比表面积可增大5倍左右，但是仍然比天然建筑石膏小约10%；在粒径分布方面，脱硫建筑石膏的细端颗粒几乎与天然建筑石膏相同，粗端颗粒相差很大。

（12）脱硫建筑石膏粉磨前后的颗粒分布及物理性能

脱硫建筑石膏中以碳酸钙为主要杂质，这与天然石膏中杂质主要以单独形态存在明显不同。因为杂质与石膏之间的易磨性相差较大，天然石膏石经过粉磨后的粗颗粒多为杂质，而脱硫建筑石膏中的细颗粒为杂质，其特征与天然石膏正好相反。

未经过粉磨的脱硫建筑石膏的触变性明显，脱硫建筑石膏经过粉磨后，其料浆的工作性和流变性能有明显改善，合适的粉磨时间非常重要。

（13）过烧的Ⅲ型无水石膏对脱硫建筑石膏性能的影响

经过煅烧的脱硫建筑石膏，由于含有一定量性质不稳定的无水石膏和少量的二水石膏，使得物相组成不稳、分散度大、吸附活性高，导致粉体标准稠度用水量增加、强度降低、凝结时间不稳定。

9. 质量管理要领

（1）我国石膏粉企业生产存在的主要问题

我国石膏粉企业生产当前存在的显著问题是三粗放，即生产粗放、管理粗放、检测控制粗放。

（2）建立和完善石膏企业的质量管理制度

建筑石膏质量管理制度是石膏企业质量管理的重要制度，主要内容包括企业管理的任务和指导思想，质量检验和控制的方法、要求，主要原材料、半成品、出厂产品品质管理的主要指标和技术条件。

化验室的职能主要有四个方面：品质检验、质量管理、产品监督、试验研究。

除此之外，化验室还有开展质量教育，提供和及时公布质量控制指标考核成绩，指导并协助车间质量管理技术业务工作，会同有关单位走访用户、征求意见，改进产品质量等方面的责任。

正确运用数据指导建筑石膏的生产。作为石膏质量管理人员，不仅要知道如何制定工艺控制点、如何取样、如何正确检测，更重要的是根据试验结果指导企业生产提出更合理的生产管理方案。

4

石膏砂浆生产线

石膏砂浆根据现有市场使用状况，主要分为石膏基轻质抹灰砂浆和石膏基自流平砂浆。因此，石膏砂浆生产线按产品种类主要分为石膏基轻质抹灰砂浆生产线和石膏基自流平砂浆生产线。

4.1 石膏基抹灰砂浆（含轻质）生产线

石膏基抹灰砂浆（含轻质）生产线分为原料上料提升系统、原料储存计量输送系统、粉状外加剂储存计量输送系统、混合搅拌系统、除尘系统、成品暂存系统、袋装包装系统及码垛系统等。

生产线的设计脱离不了产品的配方，这里列举某实验室提供的一个配方，见表4-1。

表4-1　轻质抹灰石膏配方

原材料	加入量（kg/t）
建筑石膏	700
滑石粉	50
重钙粉	150～180
玻化微珠	60～100
H-300	1
2488	1
U10万	2
AY-02	0.05
119	0.3
H13	2.0～3.0

4.1.1　原料上料提升系统

此处原料上料提升系统指的是提升建筑石膏粉、重钙粉及玻化微珠原材料进罐。通常情况下，对于建筑石膏粉、重钙粉这两种原料，上料提升系统采用斗式提升机只是作为备用设备，因大多数情况下这两种原材料都可以通过散装车进行打料进罐。而对于玻化微珠进罐方式，习惯使用斗式提升机作为提升系统。

下面对斗式提升机做一简单的介绍并提供参数的选型。

斗式提升机是一种固定装置的机械输送设备，主要适用于粉状、颗粒状及小块物料的连续垂直提升，可广泛应用于各种规模的散装物料的提升。

斗式提升机的牵引构件有环链、板链或帆布皮带等几种。市场主流使用的是板链式斗提机或皮带式斗提机，因此环链式斗提机不做说明，其原理和前两者基本一致。板链结构比较牢固，自重较轻，适用于提升量大的提升机，但铰接接头易磨损；帆布皮带的结构比较简单，但不适宜输送磨琢性大的物料，普通胶带允许物料温度不超过60℃，夹钢绳胶带允许物料温度达80℃，耐热胶带允许物料温度达120℃，板链输送物料的温度可达250℃。

斗式提升机的工作原理：料斗把物料从尾节下面的储藏斗舀起，随着输送带或链提升到顶部，绕过顶轮后向下翻转，并将物料倾入接收槽。皮带传动的斗式提升机的传动带一般采用橡胶带，装在下面或上面的传动滚筒和上、下面的改向滚筒上；链传动的斗式提升机一般装有两条平行的传动链，上面或下面有一对传动链轮，下面或上面是一对改向链轮。斗式提升机一般都装有机壳，以防止斗式提升机中粉尘飞扬。

在投资造价上，板链式斗提机高于皮带式斗提机，在耐用度上前者也高于后者。因此，用户应根据自身生产线的实际情况选择不同结构形式的斗提机。板链式斗提机和皮带式斗提机的主要技术参数见表4-2和表4-3，板链式斗提机、皮带式斗提机的结构如图4-1、图4-2所示。

表4-2　板链式斗提机的主要技术参数

型号	输送能力（m^3/h）	斗速（m/s）	主轴转速（r/min）	料斗		
				容量（L）	宽（mm）	料斗距（mm）
NE15	15	0.5	15.54	2.5	250	203
NE30	32	0.5	16.45	7.8	300	305
NE50	60	0.5	16.45	15.7	300	305
NE100	110	0.5	14.13	35	400	400
NE150	170	0.5	14.13	52.2	600	400
NE200	210	0.5	10.9	84.6	600	500
NE300	320	0.5	10.9	127.5	600	500
NE400	380	0.5	8.3	182.5	700	600
NE500	470	0.5	7.1	260.9	700	700
NE600	600	0.5	7.1	330.2	700	700
NE800	800	0.5	6.2	501.8	800	800

表4-3　皮带式斗提机的主要技术参数

提升机型号	TD160		TD250		TD315		TD400		TD500		TD630	
料斗形式	Zd	Sd	Zd	Sd	Zd	Sd	Zd	Sd	Zd	Sd	Zd	Sd
输送量（m^3/h）	9.6	16	23	35	25	40	41	66	58	90	89	142
斗宽（mm）	160		250		315		400		500		630	
斗容（L）	1.2	1.9	3.0	4.6	3.75	5.8	5.0	9.4	9.3	14.9	17	24
斗速（m/s）	1.4		1.6		1.6		1.8		1.8		2	

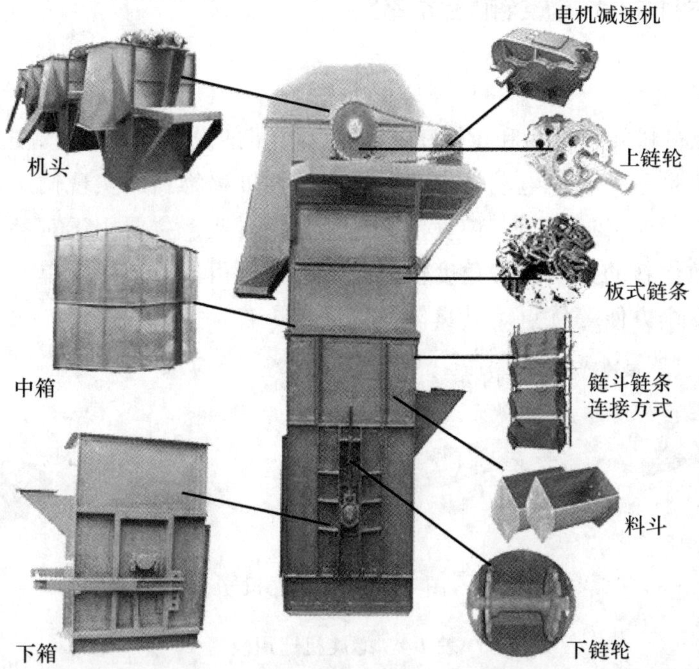

图 4-1　板链式斗提机的结构

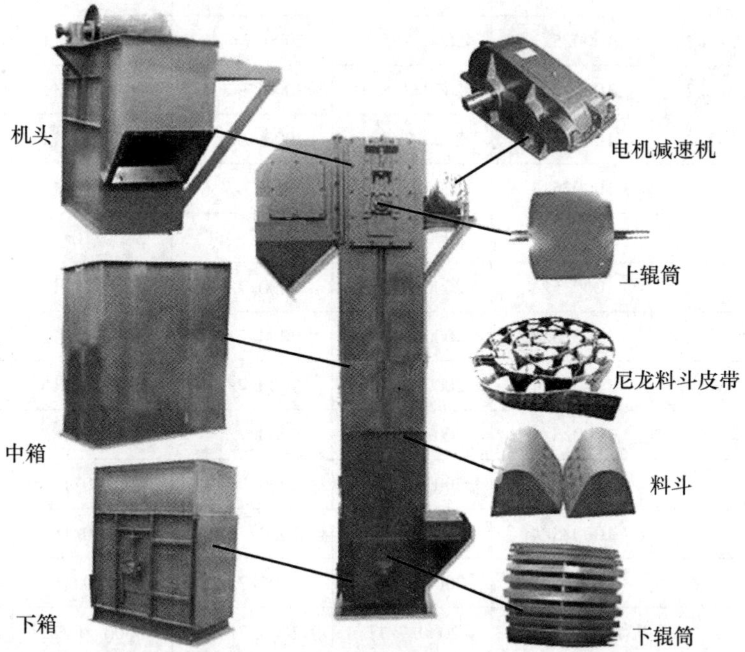

图 4-2　皮带式斗提机的结构

4.1.2 原料储存计量输送系统

1. 螺旋输送机

将主粉状原材料（石膏粉和重钙粉）输送至计量的设备选用螺旋输送机（图4-3）。

螺旋输送机是一种利用电动机带动螺旋回转，推移物料以实现输送目的的机械。它广泛应用于冶金、建材、化工、粮食及机械加工等行业，主要用于对各种粉状、颗粒状和小块状等松散物料的水平或带角度输送。螺旋输送机具有结构简单、制作成本低、密封性强、操作安全方便等优点。其具体参数见表4-4。

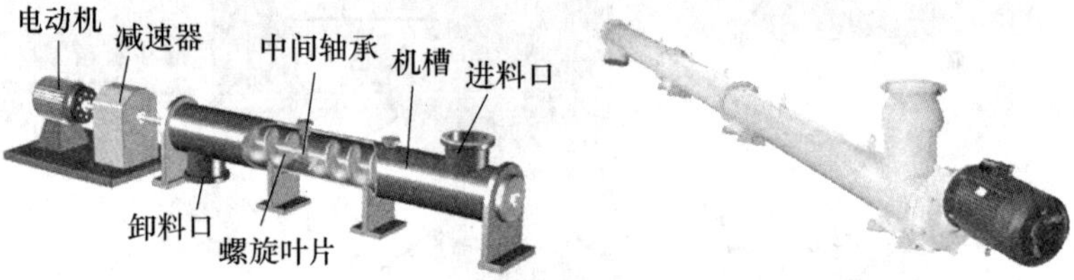

图4-3 螺旋输送机

表4-4 螺旋机选用表

L（m）	ϕ114 5t/h	ϕ165 17t/h	ϕ219 40t/h	ϕ273 80t/h	ϕ323 110t/h	ϕ407 170t/h
<3	500/5/2.2	1000/5/3	2000/7/5.5	2000/7/7.5	3000/10/11	3000/10/15
<3.5	500/5/2.2	1000/5/3	2000/7/5.5	2000/7/7.5	3000/10/11	3000/10/15
<4	500/5/2.2	1000/5/3	2000/7/5.5	2000/7/7.5	3000/10/11	3000/10/15
<4.5	500/5/2.2	1000/5/3	2000/7/5.5	2000/7/7.5	3000/10/11	3000/10/15
<5		1000/5/3	2000/7/5.5	2000/7/7.5	3000/10/11	3000/10/18.5
<5.5		1000/5/3	2000/7/5.5	2000/7/11	3000/10/15	3000/10/18.5
<6		1000/5/3	2000/7/5.5	2000/7/11	3000/10/15	3000/10/18.5
<6.5		1000/5/4	2000/7/7.5	2000/7/11	3000/10/15	3000/10/22
<7		1000/5/4	2000/7/7.5	2000/7/11	3000/10/15	3000/10/22
<7.5		1000/5/4	2000/7/7.5	2000/7/11	3000/10/18.5	3000/10/30
<8		1000/5/4	2000/7/7.5	2000/7/11	3000/10/18.5	3000/10/30
<8.5		1000/5/4	2000/7/7.5	2000/7/11	3000/10/18.5	3000/10/30
<9		1000/5/4	2000/7/7.5	2000/7/15	3000/10/18.5	3000/10/30
<9.5		1000/5/5.5	2000/7/11	2000/7/15	3000/10/22	3000/10/37
<10		1000/5/5.5	2000/7/11	2000/7/15	3000/10/22	3000/10/37
<10.5		1000/5/5.5	2000/7/11	2000/7/15	3000/10/22	3000/10/37
<11		1000/5/5.5	2000/7/11	2000/7/15	3000/10/22	3000/10/37

续表

L（m）	φ114　5t/h	φ165　17t/h	φ219　40t/h	φ273　80t/h	φ323　110t/h	φ407　170t/h
<11.5		1000/5/7.5	2000/7/11	2000/7/15	3000/10/22	
<12		1000/5/7.5	2000/7/11	2000/7/15	3000/10/22	
<12.5		1000/5/7.5	2000/7/11	2000/7/15	3000/10/22	
<13		1000/5/7.5	2000/7/11	3000/7/18.5	3000/10/22	
<13.5			2000/7/15	3000/7/18.5	3000/10/30	
<14			2000/7/15	3000/7/18.5	3000/10/30	
<14.5			2000/7/15	3000/7/18.5	3000/10/30	
<15			2000/7/15	3000/7/22	3000/10/30	

2. 计量

（1）计量斗

计量斗设计为八边形结构，防止边角积料，防止焊接中出现秤体变形（秤体表面鼓起或者塌陷）。八边形计量秤如图4-4所示。

图4-4　八边形计量秤

（2）玻化微珠进入生产线的计量及输送方式

① 行业目前现有的传统方式

传统计量方式：因玻化微珠的密度为80～120kg/m^3，砂浆生产厂家要求来料方式为标准小袋装，标准袋规格（120cm×60cm）为0.1m^3，10袋为1m^3；然后，在生产过程中根据实际用量人工投放在输送装置中进入生产线。此方式因其投放袋数偏多（按4m^{3}搅拌机，需投入2～25袋），对人工消耗巨大。

传统输送方式：斗提机输送和螺旋输送机输送。采用斗提机输送方式，设备投资偏大，并且占地相对较多；采用螺旋输送机输送，因玻化微珠本身质地脆软、易破碎，易造成玻化微珠破损率增加，致使产品不合格率增加。

② 针对行业现状升级的方式（目前在研有气力输送等）。

3. 计量方式

采用下计量结构，结构使用“质量计量+体积复检”方式。具体说明如下：在玻化微珠原料仓处设置玻化微珠计量秤，采用物料直接下溜到秤体的方式，物料添加开关方式为双蝶阀控制，采用三点500kg的高精度传感器，并且在秤体上设置有高精度的音叉料位计（结构设置为高低可调）来检测料位情况，也就是体积复检方式。待玻化微珠配料完毕，即可通过升级的输送方式输送至生产线。

（1）传统的“螺旋+蝶阀”计量方式（图4-5）

小料计量秤方面，采用累加计量秤系统。秤体经过精确设计，采取抗振、防风、防磨损措施，以及完全透气的软连接接口，使得计量的精度能够在使用过程中始终得到保证。粉状外加剂通过独有的超细、超慢（114型螺旋机）配合变频器控制计量。计量斗的称量电器元件均采用高精度传感器，抗干扰、抗冲击、抗电磁性能优良。通过以上措施，最终的计量精度可控制在±50g。

图4-5 “螺旋+蝶阀”计量方式

（2）智能给料机（双转盘结构）（图4-6）

静态计量精度达到±5g，动态计量精度为±10g。

图4-6 智能给料机

行业难点：通常情况下，特种砂浆产品的配方里面会掺入 3 ~ 6 种小料，所有掺入的小料总量加起来为 3 ~ 5kg（每吨掺入量），具体到每种小料的配方值就显得很小了，甚至于某种小料大概只会掺入 0.5kg，按国家标准 1% 的精度计算就是 5g，按这个精度，传统的计量手段显得力不从心。

综上所述，技术人员提出“小料预混复配”的概念来解决行业难点，让客户用最低的成本达到最满意的效果。

小料预混复配设备结构如图 4-7 所示。

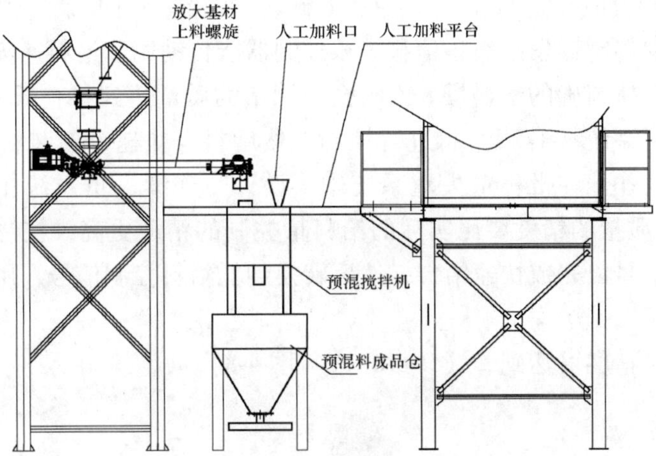

图 4-7　小料预混复配

原理说明（以石膏基轻质抹灰 $4m^3$ 生产线进行说明）如下：

假设小料掺入总量为 5kg/t，按放大 5 倍（放大倍数可灵活调整）计算，选用放大的基材为重钙粉，$1m^3$ 预混搅拌机搅拌重钙粉和小料的搅拌能力为 700kg/盘，主生产线的生产能力为 12t/h；通过计算得出：每吨轻质抹灰产品中预混小料用量为 5（小料掺入总量为 5kg/t）×5（放大 5 倍）=25（kg），每小时的用量为 25×12=300（kg），则 $1m^3$ 预混搅拌机预混每次可满足 700/300=2.3h 的连续生产；生产线操作面板上配方输入时减去预混料中的重钙粉即可。例如，假如实际配方中重钙粉的数值为 200kg/t，则只需要输入 180kg/t。

此结构的优势：使用传统螺旋计量结构完全满足计量要求；计量精度远超国家标准；集中人工投放的工作量。

（3）失重秤

失重秤是一种间断给料、连续出料的称重设备，由于失量控制是在料斗中进行，可达到较高的控制精度，结构又易于密封，故在粉料控制时与用螺旋秤相比是一大提高。其适用于各类微细物料的控制配料。

根据称重斗中物料质量的减少速率来控制出料螺旋机，以达到定量给料的目的。当称重斗的物料达到称重下限位置时，出料螺旋机则按照当时的转速固定出料量，同时控制料仓里的物料快速下到称重斗内，当装料到称重上限时停止装料。快速装料可以缩短进料时间，提高称重的准确度和控制精度。

失重式喂料机由料斗、喂料器（单、双轴螺旋喂料器）、称重系统和调节器组成，在操作中，料斗、物料和喂料器共同连续地进行称重。物料送出后，测量真实的失重速率，并将它与所需要的失重速率（设定值）加以比较。通过调节喂料器速率来自动修正偏离设定点的偏值，从而可以均匀、准确、连续地喂送物料。

通过静态秤称量完整的给料系统（料仓、给料机和散状物料）及通过变速电动机控制物料的卸料流量。物料通过螺旋从系统卸下，将按每个单位时间测量的“失重”与所需给料量（预设值）进行比较，实际（测量）的流量与期望（预设）的流量之间的差异会通过给料控制器发生纠正信号。该控制器能自动调节给料速度，从而在没有过程滞后的情况下保持精确的给料量。当料仓中测量的质量达到料仓低料位（重新加料）时，控制器将给料系统按容积给料进行控制，然后料仓快速重新装料（手动或自动），失重控制器重新动作。在批称量失重系统中，设计与连续失重系统相似，然而，给料（批量）循环最终质量的精度要比实际的给料量控制的精度更高。控制器通过向变速驱动器提供高给料信号以完成快速给料，然后转换到低给料控制信号，用于在批量结束时精确控制。

失重秤的计量精度可达到 ±（5 ~ 10）g（图 4-8）。

图 4-8　失重秤

4. 输送方式

（1）发送罐方式输送

① 组成部分。它由压力容器（发送罐）、电控系统与输送管线共同组成。

② 原理。在进料过程中，物料通过手动阀门、进料阀进入发送罐，置换出的空气通过排气阀释放出去，使得进料更加容易，同时也消除了阻碍物料流动的反向压力。当发送罐被装满时（达到罐容积的 80%），进料阀门与排气阀门同时被关闭并密封，而后通过进气阀向发送罐顶部加入压缩空气。加入的压缩空气与物料相混合，当罐内的压力达到设定值时便自动打开底部出料阀，此时便向整个输送管线施压，然后物料以柱塞形

式输送，直至物料排空。当发送罐内压力降为零时气力供给即被关闭，同时少量剩余的气体也被排出发送罐和输送管线。

③ 工艺流程如图 4-9、图 4-10 所示。

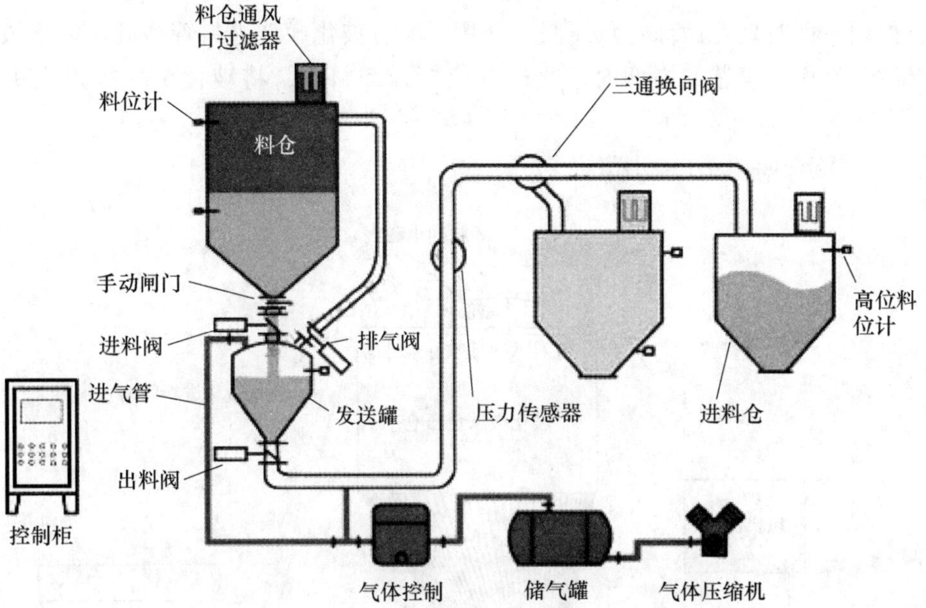

图 4-9 发送罐进料流程

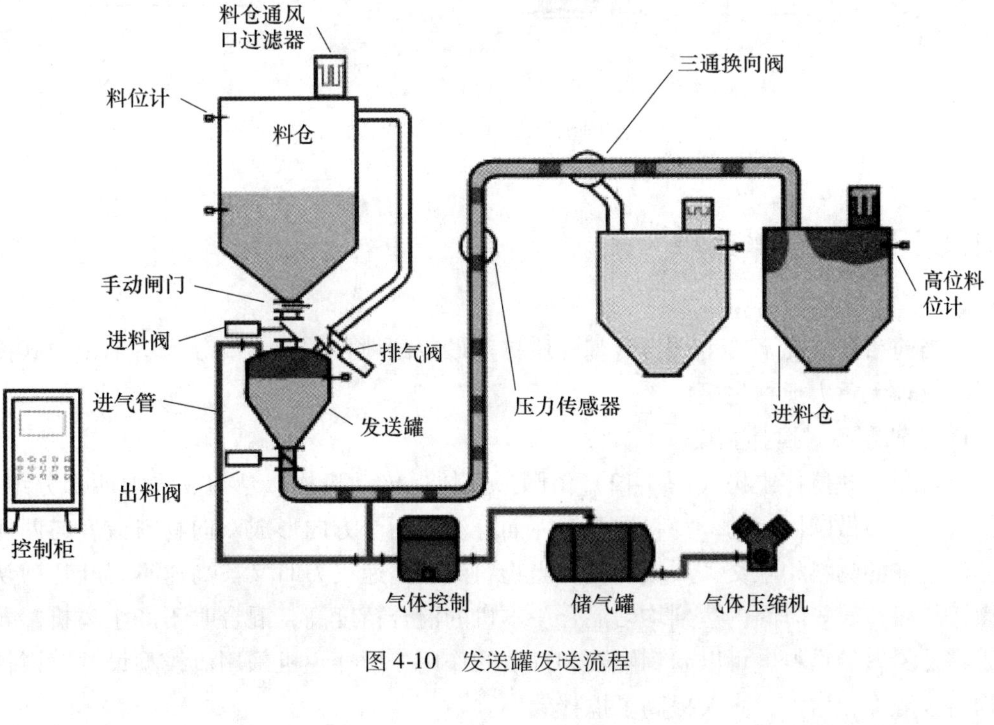

图 4-10 发送罐发送流程

（2）负压仓输送

① 组成部分。它由玻化微珠负压仓、进料仓、罗茨风机、输送管路、电控系统共同组成。

② 原理。首先，风机开始工作，将玻化微珠负压仓抽成负压状态；然后，在进料仓进行投料，此时玻化微珠在负压吸力作用下顺着玻化微珠进料管路进入玻化微珠负压仓；最后，在生产工艺的周期内，通过电控打开卸料阀，将玻化微珠投入主机内进行搅拌。

③ 工艺流程如图 4-11 所示。

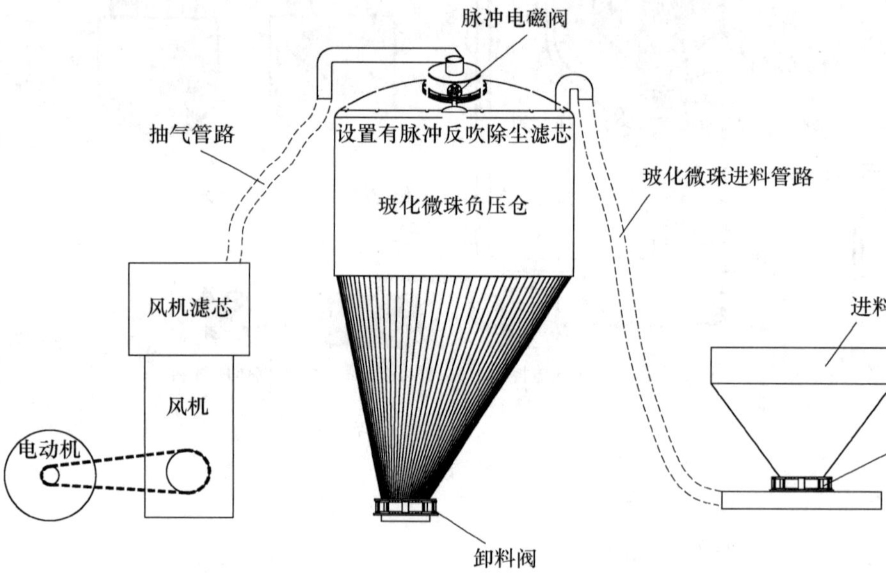

图 4-11　负压仓流程

4.1.3　混合搅拌系统

在当前市场情况下，生产石膏基轻质抹灰砂浆的搅拌主机主要分为单轴犁刀式搅拌主机和双轴无重力搅拌主机。

1. 单轴犁刀式搅拌主机

单轴犁刀式搅拌主机（图 4-12）由圆形筒体、传动机构、犁刀、飞刀四部分组成。工作时，犁刀做圆周运动，物料被犁刀刀面分流成两个方向形成双向物料流，与两侧犁刀分流过来的物料相互交叉形成对流，当物料流经高速飞刀时又被高速飞刀叶片剪切和抛撒，从而在较短时间内达到均匀混合。本机的混合精度高，混合时不产生离析，尤其对于容易团聚的物料，可以起到解聚和打散的作用。搅拌主机采用流线型设计，搅拌臂与物料接触面积增大，大大提高了搅拌效率。

主机卸料门采用密封性能优异的大倾角卸料装置，能够保证搅拌过程中无漏料、无搅拌死角，卸料过程无残余剩料，卸料门采用专利产品自动清灰装置，卸料时间短，大大提高了生产效率。

图 4-12 单轴犁刀式搅拌主机

主机轴端密封采用气力密封，根据主机内的压力大小控制压力单向阀工作，当主机内压力大于外界压力时压力单向阀工作向主机内吹气，比传统的密封圈密封更加可靠，更能对主轴轴承起到保护作用。单轴犁刀式搅拌主机主要技术参数见表 4-5。

表 4-5 单轴犁刀式搅拌主机主要技术参数

设备型号	全容积（L）	整机功率（kW）	整机质量（kg）	装载系数	飞刀数量
DW1000	1000	18.5 +4 ×2	2000	≤0.7	2（选配）
DW1500	1500	22 +4 ×3	2500	≤0.7	3（选配）
DW2000	2000	30 +4 ×3	3000	≤0.7	3（选配）
DW3000	3000	37 +4 ×3	4000	≤0.7	3（选配）
DW4000	4000	45 +4 ×4	5000	≤0.7	4（选配）
DW6000	6000	55 +4 ×4	7000	≤0.7	4（选配）

2. 双轴无重力搅拌主机

双轴无重力搅拌主机（图 4-13），采用 THB 系列双轴桨叶式混合机专用减速机，带动主轴传动，每根主轴上设置有多个搅拌臂和多个分散臂，搅拌臂上安装有桨叶式的搅拌叶片；其中每个搅拌臂上的两个叶片成 90°夹角，相邻两个搅拌臂成 90°夹角，每个搅拌叶片与主轴轴线成 45°夹角；轴端密封采用“3 +2”结构，即非电动机端采用 3 道油封结构、电动机端采用 2 道油封结构，设计采用此结构已经达到防水要求，完全杜绝了搅拌机内的粉尘外泄；卸料门采用独特的大开门结构，下料速度快，提高了整个生产线的生产效率。双轴无重力搅拌主机主要技术参数见表 4-6。

图 4-13 双轴无重力搅拌主机

表 4-6 双轴无重力搅拌主机主要技术参数

设备型号	全容积（L）	整机功率（kW）	整机质量（kg）	装载系数	飞刀数量
TSW500	500	4 ~ 7.5	1000	≤0.6	—
TSW1000	1000	7.5 ~ 15	2500	≤0.6	—
TSW2000	2000	15 ~ 22	3500	≤0.6	—
TSW3000	3000	18.5 ~ 22	4000	≤0.6	—
TSW4000	4000	22 ~ 30	5000	≤0.6	—
TSW6000	6000	30 ~ 45	6000	≤0.6	—
TSW10000	10000	45 ~ 75	9000	≤0.6	—

4.1.4 轻质抹灰生产线的生产工艺

生产线使用双轴无重力搅拌主机，搅拌主机转速恒定。生产时先投粉料：将石膏、添加剂等所有粉料加入混合机，全部投料完毕，搅拌 3 ~ 4min；再投玻化微珠：粉料搅拌均匀后，按设定数量投入玻化微珠，全部投料完毕，搅拌 1 ~ 2min。

生产线使用单轴犁刀式搅拌主机，搅拌主机使用变频器调速功能。高转速搅拌下先投粉料：将石膏、添加剂等所有粉料加入混合机，全部投料完毕，搅拌 1 ~ 2min；低转速搅拌下再投玻化微珠：粉料搅拌均匀后，按设定数量投入玻化微珠，全部投料完毕，搅拌 1 ~ 2min。

综上，针对石膏基轻质抹灰砂浆，生产线选用单轴犁刀式搅拌主机，从生产效率上来说尤其适用。但对搅拌主机来说，这两款搅拌主机都可以满足石膏基轻质抹灰砂浆生产，并且在当前市场上都占到不小的市场份额，用户可以根据自身的实际情况进行选配。

4.1.5　除尘系统

脉冲反吹布袋除尘器自20世纪50年代问世以来，经国内外广泛使用，不断改进，在净化含尘气体方面取得了很大发展。由于清灰技术先进，气布比大幅度提高，故具有处理风量大、占地面积小、净化效率高、工作可靠、结构简单、维修量小等特点。除尘效率可以达到99%以上，是一种成熟的比较完善的高效除尘设备（图4-14）。

图4-14　脉冲反吹布袋除尘器

脉冲反吹布袋除尘器的工作原理：含尘气体由下部敞开式法兰进入过滤室，较粗颗粒直接落入灰仓，含尘气体经滤袋过滤，粉尘阻留于袋表，净气经袋口到净气室，由风机排入大气。当滤袋表面的粉尘不断增加时，脉冲仪开始工作，逐个开启脉冲阀，压缩空气通过喷口对滤袋进行喷吹清灰，使滤袋突然膨胀，在反向气流的作用下，附着于袋表的粉尘迅速脱离滤袋落入灰仓，粉尘由卸灰阀排出。

脉冲反吹布袋除尘器主要技术参数见表4-7。

表4-7　脉冲反吹布袋除尘器主要技术参数

参数		除尘器型号							
		MC24	MC36	MC48	MC60	MC72	MC84	MC96	MC120
过滤面积（m^2）		18	27	36	45	54	63	72	90
滤袋数量（只）		24	36	48	60	72	84	96	120
过滤风速（m/min）		2～4	2～4	2～4	2～4	2～4	2～4	2～4	2～4
处理风量（m^3）		2160～4300	3250～6480	4320～8630	5400～10800	6450～12900	7550～15100	8650～17300	10800～20800
最大外形尺寸（mm）	长	1025	1425	1820	2225	2625	3025	3585	4385
	宽×高	1678×3660							
清灰装置	脉冲阀数量（只）	4	6	8	10	12	14	16	20
	耗用压缩空气量（m^3）	0.07～0.03	0.11～0.40	0.15～0.50	0.18～0.60	0.22～0.60	0.25～0.90	0.29～0.90	0.37～0.90
	压缩空气压力（MPa）	0.5～0.8							

砂浆生产线中各个除尘点位除尘器的配置：生产线上的除尘点位分别为包装机、搅拌主机、小料投料仓、人工投料口。每条生产线配置1台120袋脉冲反吹的中央除尘器；每个小料储存仓设置1台6袋脉冲反吹的小除尘器；搅拌主机上方设置一台8袋脉冲反吹的小除尘器；斗提机投料口处设置1台30袋脉冲反吹的除尘器；每个原料仓顶设置1台25袋脉冲反吹的室外除尘器。

4.1.6 袋装包装系统

阀口袋自动包装机（图4-15）作为粉体的自动称重包装设备，自动化程度高，计算机智能自动识别，操作简单，只需人工插袋即可完成包装生产工艺，改写了传统生产工艺，能改善劳动环境，节省人工，减轻工人劳动强度，较大降低生产成本，提高生产效率。其广泛应用于各种干粉、颗粒状物料的自动计量灌装。

图4-15 阀口袋自动包装机

阀口袋自动包装机根据物料特性主要分为叶轮式阀口包装机和气浮式阀口包装机。

叶轮式阀口包装机广泛用于干粉、水泥、石粉、煤灰粉、重钙粉、石英砂、滑石粉等粉状物体的定量包装。

气浮式阀口包装机对物料大、流动性较差的粉末或细小颗粒的包装，利用压缩空气为动力。压缩空气通过雾化器使密闭容器内的物料发生流化状态，从而起到输送给料的作用。密闭采用气动橡胶阀门，通过控制阀门的流通面积，以控制包装的物料的给料量。机身全部密封并配有除尘口来实现有效、稳定地装袋。

阀口袋自动包装机主要技术参数见表4-8。

表4-8 阀口袋自动包装机主要技术参数

称重范围（kg）	称重精度（kg）	电动机功率（kW）	理论生产率（袋/h）
10~50	±0.3	4	360

4.1.7　码垛系统

机械手码垛能将不同外形尺寸的包装货物整齐、自动地码在托盘上。为充分利用托盘面积，并保证码堆物料的稳定性，机械手有物料码垛顺序、排列设定器，其广泛应用于物流、家电、医药、食品等不同领域。

码垛机械手具有结构简单、容易保养维修等优点，主要构成零件少、配件少，维持费用低，可设置在狭窄空间。

机械手码垛线由水平汇流输送机、双层爬坡压包输送机、清灰振动整形输送机、缓存输送机、抓取输送机、机器人抓手、码垛机器人、控制系统等设备组成（图 4-16、图 4-17）。

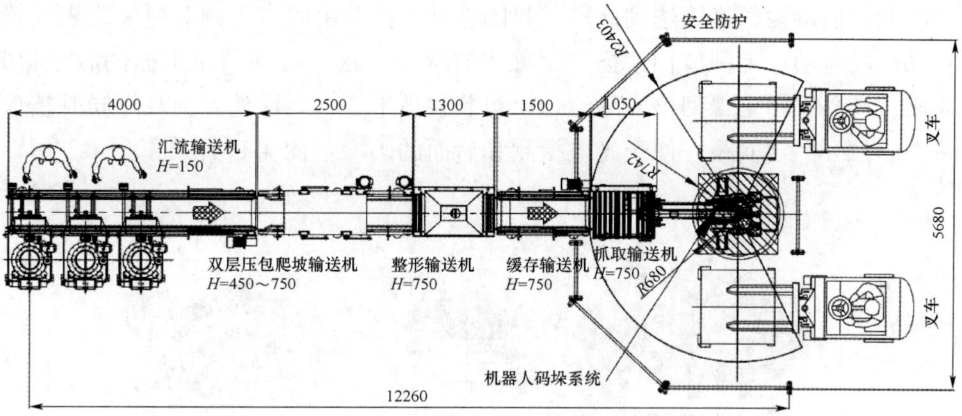

图 4-16　机械手码垛线（一机一线）布置方案

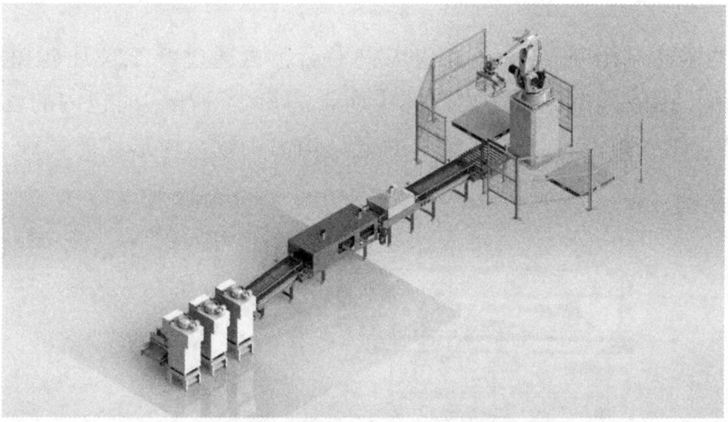

图 4-17　机械手码垛线（一机一线）效果示意

1. 水平汇流输送机

水平汇流输送机（图 4-18）根据每段不同功能配置相应高度和长度的水平输送装置，每段配有检测光电装置。在水平汇流输送机上，包装袋经过护栏的进一步校正后，外形更平整，使后期的码垛垛形更加整齐美观，也起到缓存包装袋的作用。

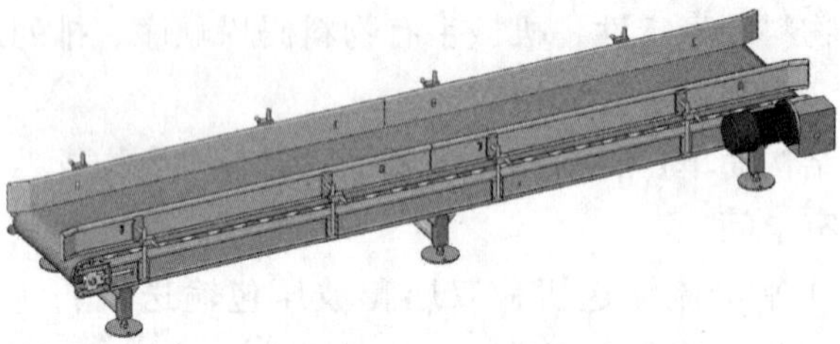

图 4-18　水平汇流输送机

2. 清灰振动整形输送机

产品通过前端输送机输送到此段，封闭振动整平并由固定毛刷对包装袋表面粉尘进行清扫，产品振动、毛刷清扫，扬尘由除尘管吸走，落下的粉料由下面的收尘口收集。经过此段，产品外粉尘得到很好的清理。包装袋更平整，码垛整齐美观。同时整形输送机可将产品拉开一定间距，便于光电检测和后面的码垛（图 4-19）。

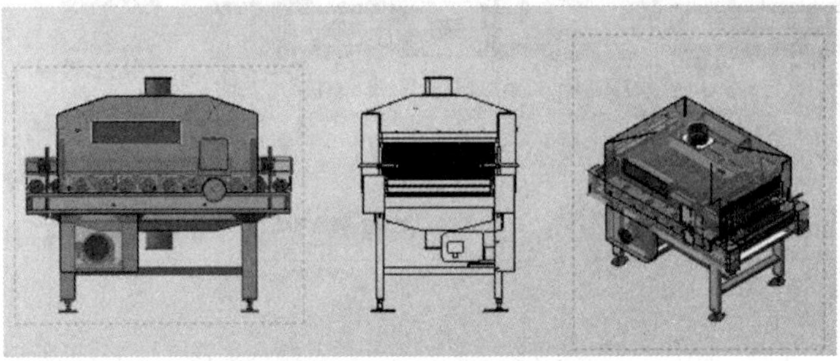

图 4-19　清灰振动整形输送机

3. 压包输送机

通过方辊的振动（清灰）输送机初步整平后，再通过此工位压包整平机，排出包装袋内部的气体，由除尘口吸走排出气体中所带的粉尘（压包时包内的气体带出大量的粉尘），对包装袋再次整形，使包装袋里的产品均匀一致，垛形整齐美观（图 4-20）。

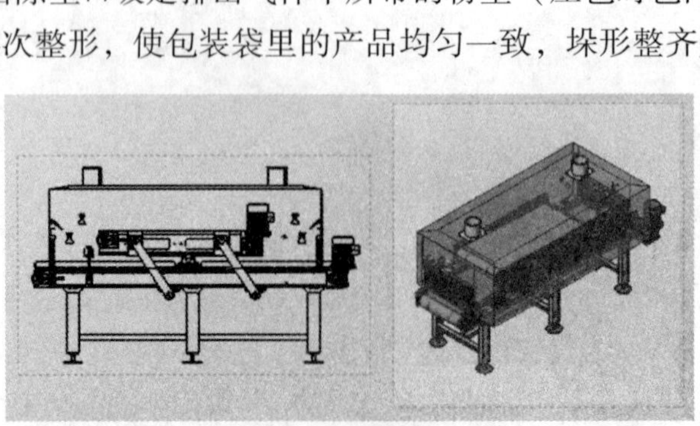

图 4-20　压包输送机

4. 抓取输送机

包装袋从压包整形输送机输送到抓取线上配合机器人码垛。抓取输送机具有保证码垛机器人安全、方便地抓取和节能等功能（图 4-21）。

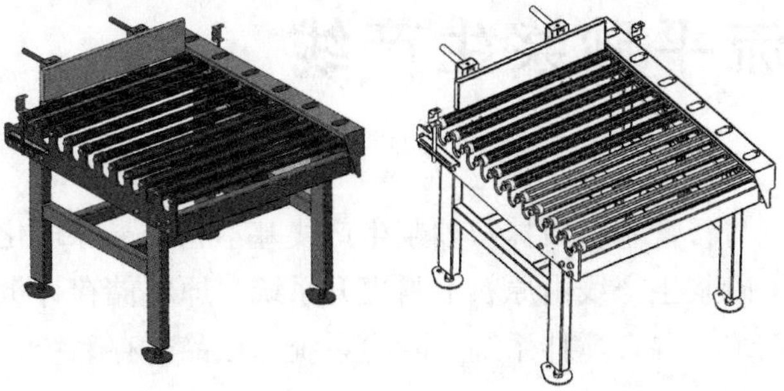

图 4-21 抓取输送机

5. 机器人抓手

码垛生产线有机器人抓手通过机器人的设定程序控制电磁阀驱动气缸动作，驱动不锈钢手指抓取生产线的袋子并分别有序地放置到托盘上面（图 4-22）。

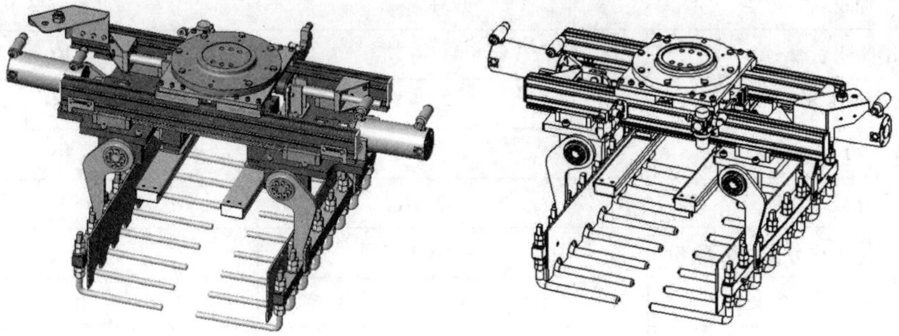

图 4-22 机器人抓手

6. 码垛机器人

选用 4 自由度高速码垛机器人，最大负载 110kg，工作范围可达 2403mm。其具有更加紧凑的机械结构，适用于狭小空间作业（图 4-23）。

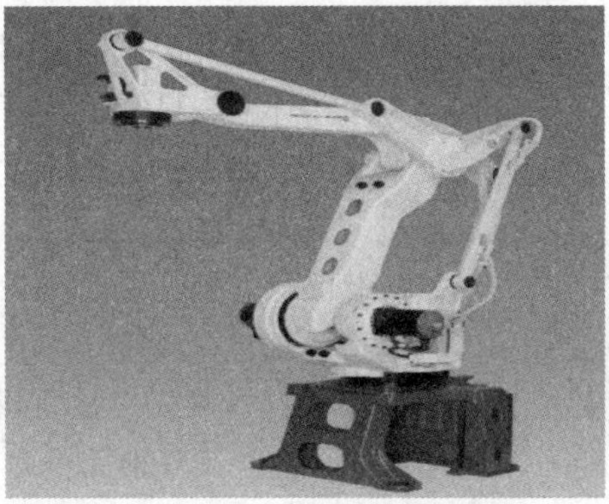

图 4-23 码垛机器人

4.2 石膏基自流平砂浆生产线

其设备主要构成与石膏基轻质抹灰砂浆生产线基本相同，除玻化微珠计量及输送系统外，石膏基自流平砂浆生产线由原料上料提升系统、原料储存计量输送系统、粉状外加剂储存计量输送系统、混合搅拌系统、除尘系统、成品暂存系统、袋装包装系统及码垛系统等构成。

生产线各个系统的具体说明介绍同石膏基轻质抹灰砂浆生产线。

对于生产线的设计，同样脱离不了产品的配方。这里列举某实验室提供的一个配方，见表4-9。

表4-9　石膏基自流平砂浆配方

原材料		型号	占比（%）
α-半水石膏		—	40
重钙粉（>200目）		—	25
河砂（20~140目）		—	30
普通硅酸盐水泥		P·O32.5R	5
母料	可再分散性乳胶粉	DN-4100	0.6
	减水剂	315	0.12
	消泡剂	366	0.1
	纤维素醚	U10万	0.01
		专用	0.03
	缓凝剂	H13	0.05

小课堂：砂浆产量的计算方式

计算砂浆产量的时候，无论年产、日产或者时产，归根到底都是每小时产量多少；而这个产量是以“立方米”（“方”）作为单位，还是按“吨”作为单位，下面做简单阐述。我们总是习惯说这是几方主机，因为行业内对于主机的规格区分确实是说“方”这个单位，但是生产的产品最终是通过“过磅”的计重方式来卖给消费者，因此说产量就说成“吨”这个单位。那么问题就出现了，主机规格说“方”产量又说“吨”，这里需要进行单位换算。

说到单位换算，我们要先了解几个知识点。首先，是主机的“装载系数”这个概念（装载系数=主机搅拌能力方量/主机总方量），双轴无重力主机按0.6计算，单轴犁刀式主机按0.7计算（表4-10），以4方双轴无重力主机为例，其实际搅拌能力为4×

0.6 = 2.4（方）；其次，是“密度”这个概念（即每方多少吨），不同的物料、不同的产品，其密度是有所区别的，比如我们所熟悉的水泥，密度通常按 1.3 计算（即每方水泥 1.3t）（表 4-11）；最后是“生产周期”（即每盘料生产所需要的时间），因为生产工艺的问题，使用不同结构的主机生产不同的产品，生产周期不是一个定数，是有区别的（表 4-12）。

表 4-10 装载系数

主机结构	双轴无重力搅拌主机	单轴犁刀式搅拌主机
装载系数	0.6	0.7

表 4-11 产品密度

产品名称	产品物料密度
水泥基含砂砂浆	1.4
腻子粉、石膏基无砂自流平砂浆	0.9
石膏基轻质抹灰砂浆	0.7
石膏基含砂自流平砂浆	1.1

表 4-12 生产周期

产品名称	产品每盘生产周期（min）	
水泥基含砂砂浆	5	
腻子粉、石膏基无砂自流平砂浆	6	
石膏基轻质抹灰砂浆	双轴无重力主机	10
	单轴犁刀式主机（变频）	6
石膏基含砂自流平砂浆	6	

下面以生产普通砂浆的 6 方线（使用的是双轴无重力搅拌主机）为例说明“每小时产量”。普通砂浆的生产周期为每盘 5min，产品密度为 1.4，那么每小时产量为 $Q = 6 \times 0.6 \times 1.4 \times 60/5 \approx 60$（吨）（表 4-13）。

通过以上说明，相信大家就会根据客户的产品计算产量了。

表 4-13 每小时产量

产品名称	产量（t/h）			
	4 方		6 方	
	双轴	单轴	双轴	单轴
水泥基含砂砂浆	40	47	60	70
腻子粉、石膏基无砂自流平砂浆	22	25	32	38
石膏基轻质抹灰砂浆	10	20	15	29
石膏基含砂自流平砂浆	26	31	40	46

5

工业副产脱硫石膏的应用

近年来，随着我国湿法烟气脱硫技术的大力实施推广，其副产物烟气脱硫石膏的排放量与日俱增。《2020 年中国脱硫石膏市场分析报告》的数据显示，2010 年年底我国烟气脱硫石膏的排放量为 5230 万吨，2018 年我国烟气脱硫石膏的排放量上升至 7160 万吨。如此大量排放的烟气脱硫石膏若不加以高效利用，势必对我国的资源、环境等产生二次污染。同时，烟气脱硫石膏的主要矿相组成为二水石膏，其完全可以替代天然石膏，将其资源化利用，必可解决我国多省份缺乏天然石膏资源的难题。为此，在当前国家大力推进绿色环保、双碳经济的时代背景下，充分发挥烟气脱硫石膏的资源化利用效益，促进烟气脱硫石膏的高效资源化利用，是脱硫石膏产出企业、研究应用企业的重大历史使命。

5.1 烟气脱硫石膏

烟气脱硫技术大致分为湿法、半干法和干法三大类。相比之下，石灰石-石膏湿法脱硫工艺凭借其技术成熟、脱硫效率高、成本低、运行稳定和脱硫原料价低等优势被我国各大脱硫工程广泛采用。目前，脱硫石膏主要由燃煤热电厂石灰石-石膏湿法脱硫工艺所产生。

石灰石-石膏湿法脱硫工艺主要采用低价易得的石灰石作为脱硫吸收剂，石灰石经破碎磨细成粉状与水混合搅拌制成吸收浆液，进入吸收塔。在吸收塔内，烟气中的 SO_2 溶解于水，生成亚硫酸并离解成 H^+、HSO_3^- 和 SO_3^{2-}，产生的 H^+ 促进了吸收剂 $CaCO_3$ 的溶解，生成一定程度的 Ca^{2+}，与 SO_3^{2-} 或 HSO_3^- 结合，生成 $CaSO_3$ 和 $Ca(HSO_3)_2$。反应过程中，溶液中大量的 SO_3^{2-} 及 HSO_3^- 被鼓入的空气强制氧化为 SO_4^{2-}，与 Ca^{2+} 生成石膏结晶二水硫酸钙（$CaSO_4 \cdot 2H_2O$）。从吸收塔中出来的石膏悬浮液通过旋流分离、洗涤和真空脱水，最终生成脱硫石膏。

以石灰石为吸收剂的主要反应过程如下：

（1）吸收、电离反应：

$$SO_2 + H_2O \longrightarrow H_2SO_3$$

$$H_2SO_3 \longrightarrow H^+ + HSO_3^- \longrightarrow 2H^+ + SO_3^{2-}$$

（2）中和反应：

$$CaCO_3 + 2H^+ \longrightarrow Ca^{2+} + CO_2 + H_2O$$

（3）氧化反应：

$$H^+ + HSO_3^- + 1/2O_2 \longrightarrow 2H^+ + SO_4^{2-}$$

（4）结晶反应：

$$Ca^{2+} + SO_4^{2-} + 2H_2O \longrightarrow CaSO_4 \cdot 2H_2O$$

5.1.1 脱硫石膏原料的状态

脱硫石膏中二水硫酸钙的含量一般为90%左右，含10%左右的吸附水，呈胶黏状。正常的脱硫石膏的颜色为白色微黄，但有时因脱硫不稳定带进较多的煤灰等杂质时，大部分脱硫石膏呈灰色或灰黄色。脱硫石膏和天然石膏具有类似的化学特征，但在原始状态、颗粒级配、杂质成分和颜色等方面存在差异。

（1）原始物理状态不一样：天然石膏是黏合在一起的块状，而脱硫石膏以单独的结晶颗粒存在。

（2）颗粒大小与级配：由于脱硫石膏是吸收塔中石膏浆液与烟气 SO_2 反应形成的，其反应条件（时间、温度、浓度等）相同，因此，结晶后的石膏晶体外观规整且呈细粉态，粒径分布较窄，主要集中为 30 ~ 60μm，基本呈正态分布。相比之下，天然石膏的颗粒大小不均，形状不规则，粉磨后的级配优于脱硫石膏。

（3）颜色差异：天然石膏粉为纯白色，脱硫石膏粉颜色较深。

（4）杂质成分上的差异，导致其脱水特征、易磨性及煅烧后的熟石膏粉在力学性能、流变性能等宏观特征上的不同。

5.1.2 脱硫石膏成分组成

1. 脱硫石膏

脱硫石膏的主要矿物相为二水硫酸钙（$CaSO_4 \cdot 2H_2O$），主要杂质为碳酸钙、氧化铝和氧化硅等，其他成分有方解石或α-石英、α-氧化铝、氧化铁和长石、方镁石等。

2. 脱硫石膏煅烧后

煅烧后的脱硫石膏的组成较为复杂，具有 5 种物相、6 种实物、7 个变体，分别如下：

（1）5 种物相：二水石膏、半水石膏、无水石膏Ⅲ型、无水石膏Ⅱ型、无水石膏Ⅰ型。

（2）6 种实物：因无水石膏Ⅰ型只能在 1180℃以上存在，低于 1180℃时，无水石膏Ⅰ型又转变成无水石膏Ⅱ型，因此，脱硫石膏在常温下以下面六种状态存在：二水石膏、α-半水石膏、β-半水石膏、α-无水石膏Ⅲ型、β-无水石膏Ⅲ型、无水石膏Ⅱ型。

（3）7 种变体：二水石膏、α-半水石膏、β-半水石膏、α-无水石膏Ⅲ型、β-无水石膏Ⅲ型、无水石膏Ⅱ型、无水石膏Ⅰ型。

脱硫石膏的成分组成如图 5-1 所示。

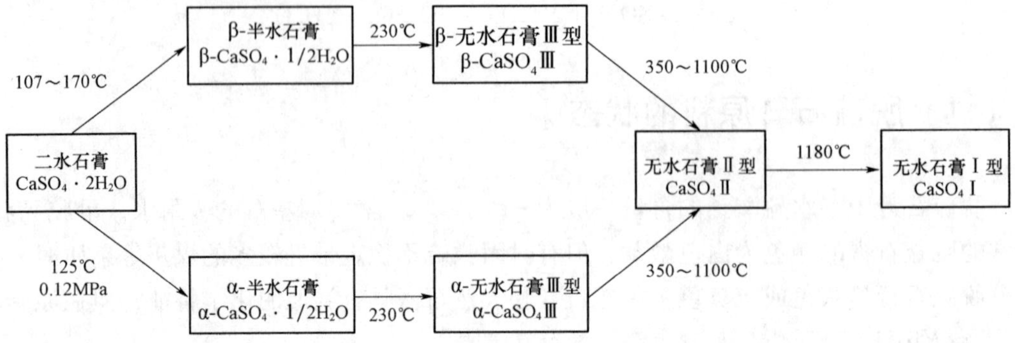

图 5-1 脱硫石膏的成分组成

5.1.3　脱硫石膏的晶体形貌

脱硫石膏晶体大部分单独存在且完整均匀，但也有双晶态存在，主要以六角板状、菱形、短柱状存在。不同产地的脱硫石膏的晶体形态也会有差异，这主要跟石灰石浆液、进入脱硫系统的飞灰含量、氧化系统运行情况等有关系。

1. α 型和 β 型半水石膏在结晶形态上的差别

α 型半水石膏由致密的、粗大的、完整的晶体组成，晶体形态多呈棒状、柱状和粒状，也有呈针状和纤维状形态；β 型半水石膏则由疏松的、细小的、不规则的晶粒组成，晶粒形态多呈鳞片状，少量呈薄板状。这些特征正是由于它们的形成条件不同所产生的，β 型半水石膏因在过热非饱和蒸汽下快速脱水而形成，所以晶体疏松、细小，有着非常发育的内表面；α 型半水石膏在有液态水存在的环境中脱水、重结晶形成，具备形成致密、粗大晶体的条件（图 5-2、图 5-3）。

图 5-2　α 型半水石膏扫描电镜图像

图 5-3　β 型半水石膏扫描电镜图像

2. α 型和 β 型半水石膏在晶粒分散度方面的差别

不少科研工作者曾用小角度 X 射线散射法分别测定了 α 型和 β 型半水石膏的比表面积，并确定了晶粒的平均粒径。其中 β 型半水石膏的分散度比 α 型半水石膏要大得多。

3. α 型和 β 型半水石膏在水化产物方面的区别

半水石膏水化产物的 SEM 分析，用 JSM-5610LV 扫描电子显微镜对半水石膏水化产物形貌进行观察，图 5-4、图 5-5 为 1000 倍与 5000 倍扫描电子显微镜图像。由图 5-4、

图 5-5 可见：

α 型半水石膏水化产物的晶形多为板状或柱状，自形程度很高，极少见无定形胶凝状物质，板状或柱状晶体交织在一起，无定向排列，形成了较为致密的水化产物硬化体，对硬化体的强度发挥十分有利。

图 5-4　α 型水化产物

图 5-5　β 型水化产物

β 型半水石膏水化后的形貌特征，明显与 α 型半水石膏水化后的产物不同，二水石膏晶体多以长板状结晶，且较 α 型板状薄，晶体的生长以放射状簇晶较多，呈现菊花状结晶形态，使水化产物中的孔隙比 α 型半水石膏水化产物的明显增多，致水化产物硬化体结构疏松。这正是 β 型半水石膏比 α 型半水石膏强度低的根本原因。

5.2 主要杂质对性能的影响

5.2.1 主要杂质及其存在的形态

脱硫石膏的主要成分为二水硫酸钙。影响脱硫石膏品质的主要因素包括脱硫浆液、石灰石成分、石膏停留时间、氧化反应及烟气中的杂质等。脱硫石膏中的杂质以未反应的碳酸钙为主，在偏光显微镜下可看出部分碳酸钙以石灰石颗粒形态单独存在，这是由于反应过程中部分颗粒未参与反应，还可能包含飞灰，未氧化完全的亚硫酸钙及由镁、钾、钠的氯化物及硫酸盐组成的可溶性杂质。

脱硫石膏中所含杂质主要包括阳离子类杂质（镁、钾、钠）、阴离子类杂质（氯离子）和惰性类杂质（二氧化硅和氧化铝）。惰性杂质一般由黏土矿物或碳酸盐矿物引入，以难溶形式存在，因而对脱硫石膏的性能影响甚微。

微量可溶性杂质在石膏中可能以三种形态存在：

（1）取代 Ca^{2+} 进入 $CaSO_4$ 晶格；

（2）通过静电作用吸附在 $CaSO_4$ 晶体内；

（3）存在于其他非硫酸钙矿物相及液态相中。

部分钠离子存在于脱硫石膏的液相包含物中，部分钠离子进入脱硫石膏的晶体；大部分镁离子可能进入石膏晶体；大部分氯离子存在于液相包含物中，在脱硫石膏晶体内部，氯离子会和钙离子结合成稳定的带有 4 个结晶水的氯化钙，把一定量的水留在石膏晶体内部，造成石膏的含水率增大。在脱硫石膏晶体之间，残留的氯离子与钙离子形成氯化钙，堵塞游离水在晶体之间的通道，使石膏脱水变得困难。氯化钙的吸湿性极强，无论是在脱硫石膏晶体内部还是在脱硫石膏晶体间隙，都会使得脱硫石膏不易干燥，附着水含量较高。

5.2.2 杂质对脱硫石膏形貌特征的影响

脱硫石膏主要呈短柱状。从表面粗糙度方面，脱硫石膏主要存在两种不同形貌：一是表面光滑致密型；二是表面粗糙、不平整型。样品 1（较高含量的氯离子和钠离子，氯离子含量为 0.49%、钠离子含量为 0.25%）展现出这两种不同的形貌特点，样品 1（a）的表面较为光滑，样品 1（b）的表面看似由沿一定方向排列的石膏微晶组成。而样品 2（镁离子含量较高，为 1.1%）的表面较为光滑致密，尤其体现在样品 2（a）

中。样品 3 的表面不光滑平整，样品 3（b）为石膏晶体断面，从中可以看到石膏的层状结构特征（图 5-6）。

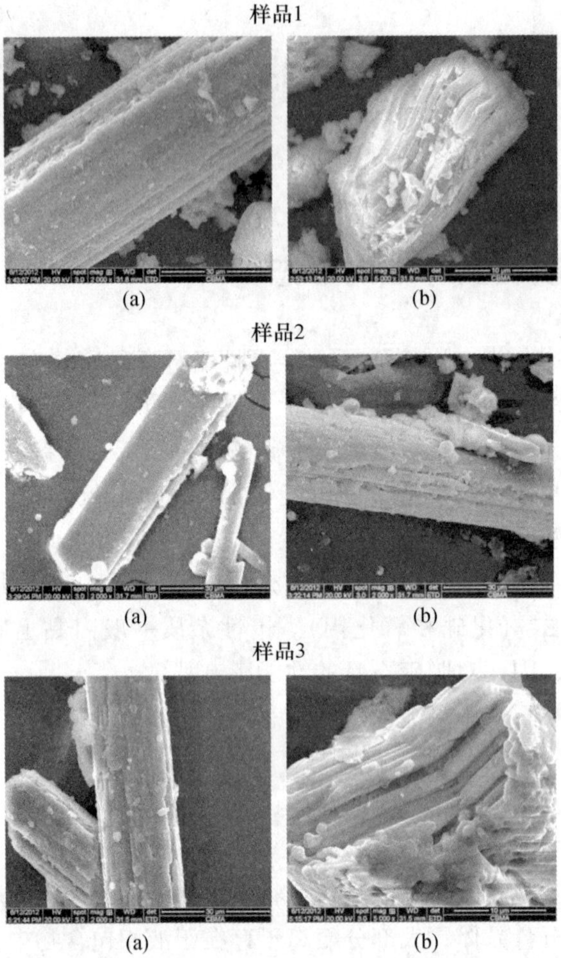

图 5-6　脱硫石膏的形貌

因此，可以定性推断出，较高含量的氯离子和钠离子使石膏呈现两种不同形貌特点，较高含量的镁离子使石膏呈现光滑致密的外形。

脱硫石膏的化学组成见表 5-1。

表 5-1　脱硫石膏的化学组成

编号	化学成分（%）								
	CaO	Al_2O_3	SiO_2	MgO	Na_2O	K_2O	SO_3	Cl^-	结晶水
样品 1	32.60	0.12	0.30	0.24	0.12	0.24	45.37	0.03	20.2
样品 2	30.62	0.66	2.28	0.85	0.25	0.25	42.46	0.49	20.6
样品 3	32.83	0.30	0.98	1.10	0.13	0.24	40.49	0.05	18.8

5.2.3 杂质对脱硫石膏所煅烧半水石膏水化硬化性能的影响

脱硫半水石膏的水化硬化性能直接关系到石膏制品的强度和耐久性能，因此明确杂质对脱硫半水石膏水化硬化性能的影响至关重要。

较高含量的钠离子和氯离子共同作用缩短了脱硫石膏水化放热的加速期，加快了半水石膏的溶解速率，导致其凝结时间大幅缩短；0.24% ~0.67%范围内的氧化镁含量不会对脱硫石膏的凝结时间产生明显的影响，1.1%含量的镁离子会延长脱硫石膏的凝结时间。

钠离子和氯离子的共同作用降低了脱硫石膏的抗压强度。

石膏硬化体的微观形貌表现为短柱状，整个硬化体中二水石膏晶体杂乱堆积，相互搭接交叉程度极低。

5.2.4 氯离子的主要影响

由于氯离子会与钙离子结合形成$CaCl_2$或$CaCl_2$的结晶水合物，其吸湿性很强，造成脱硫石膏的附着水含量高。另外，对石膏砌块和石膏板的干燥非常不利，使能耗增大。

氯离子具有腐蚀性，吸收塔的内衬一般为合金钢，管道一般为塑料或玻璃钢，氯离子含量较高会影响脱硫系统的安全性和耐久性。脱硫石膏应用在水泥中应该特别预防氯离子对钢筋产生的锈蚀。

5.2.5 未反应的碳酸钙对脱硫石膏性能的影响

因杂质与石膏的易磨性不同，天然石膏石经过粉磨后的粗颗粒多为杂质；与天然石膏相反，脱硫石膏粉磨后的粗颗粒多为脱硫石膏，细颗粒为杂质。脱硫石膏制成的建筑石膏的流动性较差，石膏制品的密度偏大。

5.3 脱硫石膏脱水转变机理

脱硫石膏制备 β 型半水石膏及 α 型半水石膏的脱水转变机理如图 5-7 所示。

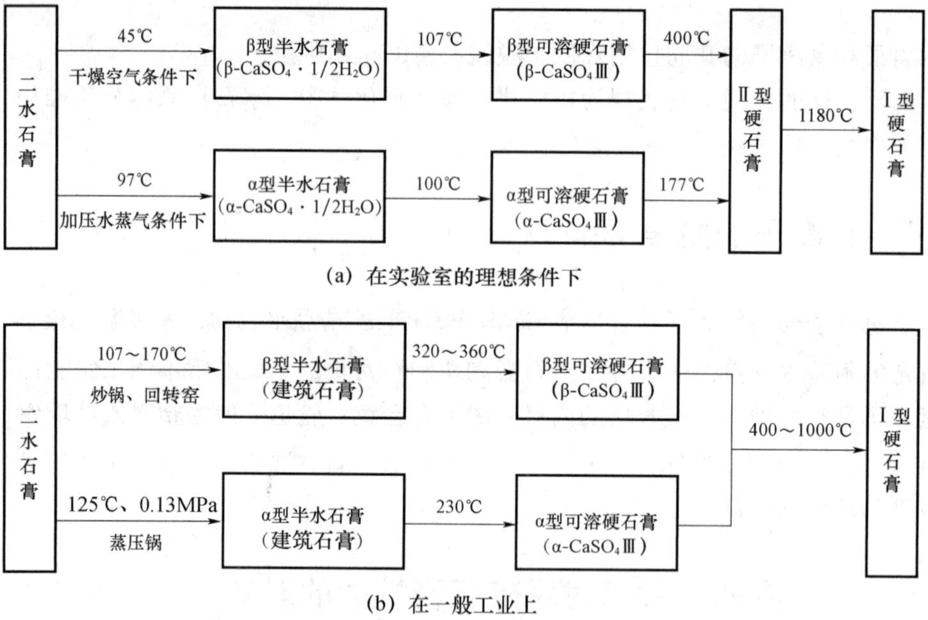

图 5-7 石膏的脱水转变及脱水石膏的形成机理

5.4 半水石膏的水化过程

水化反应的生成物二水石膏在溶液中的溶解度（20℃为2.05g/L溶液）比半水石膏的溶解度（20℃为8.16g/L溶液）小得多，很容易形成二水石膏的过饱和溶液，使得二水石膏以胶体微粒的形式迅速自水中析出。这种析出破坏了半水石膏溶解的平衡，使半水石膏进一步溶解和水化，以补偿由于二水石膏析晶在溶液中减少的$CaSO_4$含量，如此循环往复，直至半水石膏完全水化。

5.4.1 凝结硬化过程

1. 凝结过程

浆体中的自由水分因水化和蒸发而逐渐减少，二水石膏的胶体颗粒不断增加，这些胶粒比原来的半水石膏粒子要小得多，微粒比表面积增加，需要更多的水分包裹，所以浆体稠度逐渐增大，以至失去可塑性，这个过程称为凝结（图5-8）。

2. 硬化过程

胶体微粒逐渐凝聚成为晶体，晶体不断长大，并彼此连生、交错，形成结晶结构网，浆体固化，强度不断增大，直至完全硬化，这个过程称为硬化（图5-8）。

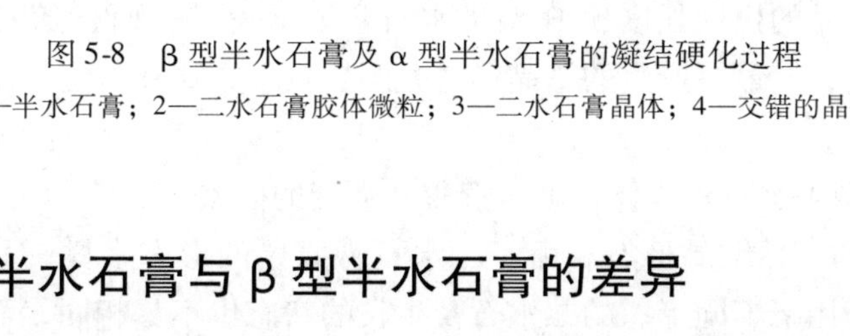

图5-8 β型半水石膏及α型半水石膏的凝结硬化过程

1—半水石膏；2—二水石膏胶体微粒；3—二水石膏晶体；4—交错的晶体

5.4.2 α型半水石膏与β型半水石膏的差异

1. α型半水石膏

α型半水石膏的脱水方式一般有两种：一是在饱和的蒸汽介质中进行脱水；另一种

则是在某些酸类或盐类的水溶液中进行脱水，即干法（蒸压法）和湿法（水热法）之分。

（1）蒸压法

α 型半水石膏是通过二水石膏的溶解和再结晶形成的。具体地说，二水石膏在饱和蒸汽介质或液态水介质中热处理时，首先发生脱水，如果条件合适，则可从二水石膏的晶格中析出一个半分子的水分子，形成半水石膏的雏形，在液态水包围的环境中，雏形很快溶解在液态环境当中，当液态半水石膏浓度达到过饱和溶液之后，液态半水石膏即迅速结晶，形成结晶粗大致密的 α 型半水石膏晶体。

（2）水热法

所谓水热法制取 α 型半水石膏，就是指二水石膏是在某些酸类或盐类的水溶液中通过加热蒸煮制得的。具体的制备方法又有常压法和高压法之分。常压法制备 α 型半水石膏时若形成理想状态的晶体形貌，溶解的 α 型半水石膏的 pH 一般比较小或溶液盐类的浓度比较大，这给后期的处理和生产的稳定带来很大的不利因素，因此在实际生产中很少采用。而采用高压法（加压水溶液法）要较常压法好得多，不需要太低的 pH，也不需要太高的盐类溶液的浓度，同时可以大大简化后期的处理工艺制度。具体的做法是将磨细的二水石膏加入含有转晶剂的水溶液中制成悬浮液，然后加压加热悬浮液，同时不断地搅拌悬浮液，再经清洗、过滤、干燥、粉磨即可制成 α 型半水石膏产品。

（3）α 型半水石膏的性能特点

石膏是一种多功能的气硬性胶凝材料，也是使用历史最悠久的胶凝材料之一。根据二水石膏脱水条件的不同，可得到两种不同的变体，即 β 型半水石膏和 α 型半水石膏。这两种变体半水石膏的化学分子式均为 $CaSO_4 \cdot 1/2H_2O$，其晶体都属于三方晶系，但其硬化体的性能有明显的差异。所谓高强度石膏，它是由二水硫酸钙通过饱和蒸汽介质或在某些盐类及其他物质的水溶液中进行热处理获得的一种 α 型半水石膏的变体。

α 型半水石膏的最终强度取决于其粒度、形貌特征及具体的结晶形态，只有晶体形貌是六方短柱状的、晶体粒度大小适当的且粒度分布范围合理的 α 型半水石膏才具有较高的强度。若形成的 α 型半水石膏为针状或纤维状晶体，则拌和的标准需水量比 β 型半水石膏要大，制品的机械强度比 β 型半水石膏要低得多，而且随着 α 型半水石膏的生产工艺条件不同，其最终产生的结晶形态差距也较大，这在一定程度上制约了其工业化生产的步伐。

（4）影响 α 型半水石膏晶体粒度、形貌及强度的因素

① 二水石膏的原始结晶形态。由于二水石膏原始的形态多样、品位高低不同，导致相同的转晶剂作用下不同形态的二水石膏生长的状态也不尽相同，而制品的最终性能的差距也很大。

② 转化温度与转化时间。转化温度过高，晶体的生长速度加快，生产的时间大大缩短，但由于晶体生长速度过快会导致结晶不完整而使制品性能下降，若温度过低，则

需要更长的转化时间，这对提高生产效率、降低成本不利，所以要寻求最佳的转化温度与转化时间。

③ 转晶剂的种类与掺量。这是影响晶体粒度、形貌的重要因素之一。不同的转晶剂获得的晶体形貌千差万别，因此，选择理想的转晶剂是制备高强度石膏的关键。

④ 制备方法。要想获得晶面完整的、粗大的晶粒，加压水溶液法无疑是目前最好的制备方法。

⑤ 溶液的浓度。因为结晶粒子的大小和晶体的发育状况与浓度直接相关，随浓度的增加，相应的结晶中心也增加，导致晶粒逐渐减小而发育不完全，而降低浓度又相应地降低了生产效率，导致成本增加。

⑥ 溶液的 pH。为了使 α 型半水石膏更好地定向生长，只能选择酸性溶液，而 pH 的大小又关系到产品的质量。

⑦ 溶液的运动速度。随着溶液运动速度的增加，加速了粒子间的相互摩擦，这会减小粒子的尺寸；另一方面，表面能的提高也会导致结晶中心增加，硫酸钙的生长受到干扰，影响晶体生长。

⑧ 颗粒级配。它是决定水膏比、强度的决定性因素。

2. β 型半水石膏

（1）β 型半水石膏的制备方法

β 型半水石膏的生产工艺可概括为石膏石破碎、煅烧、粉磨三大工序：

① 原料先进行破碎、干燥，并粉磨至一定细度，然后在煅烧设备中进行脱水。

② 原料经破碎后，在煅烧设备中进行脱水，然后粉磨成细粉。

③ 原料破碎后，干燥、粉磨、加热脱水各工序集于同一设备进行。

（2）β 型半水石膏的性能特点

① 质轻，强度通常低于 α 型半水石膏。理论需水量为 18.6%，要保持可塑性需加水 60% ~80%，多余水分的蒸发导致建筑石膏制品的内部孔隙率较高，表观密度小、强度较低。因此产生的双重效果：隔热、保温和吸声性能良好，具有一定的调温和调湿性能；但耐水性、抗渗性、抗冻性较差。

② 凝结硬化快，拌和后数分钟便开始失去塑性。常用缓凝剂为硼砂、柠檬酸、亚硫酸盐纸浆废液、动物胶（骨胶、皮胶），硼砂的缓凝效果较好。

③ 建筑石膏制品具有良好的防火性能。石膏本身为不燃材料，内部结晶水遇火形成表面水蒸气气幕，可阻止火势蔓延；其导热系数低，能有效降低能量传递，增加火灾逃生时间。

④ 建筑石膏硬化时体积略有膨胀。在凝结硬化初期产生体积微膨胀（膨胀量 0.5% ~1%），尺寸稳定性佳。

⑤ 装饰性好。制品可锯、可钉、可刨，便于施工。

（3）影响 β 型半水石膏强度的因素

① β 型半水石膏本身的性质

a. 石膏的品位。β 型半水石膏的纯度对其强度有显著的影响，所含杂质的种类及含量对其晶体形貌、标准稠度用水量等都有一定影响，并可导致其强度降低。

b. 细度。细度对石膏的水化有一定的影响。因颗粒度小，石膏与水接触面积大，溶出速率较快，形成过饱和溶液也就快，有利于石膏晶体的成核，从而提高石膏硬化体的强度。但随着颗粒度进一步减小，比表面积增加，颗粒在液体中的团聚程度明显增加，难以分散，标准稠度用水量也相应增加，导致石膏硬化体孔结构劣化。因此，在生产实践中，石膏的细度应适度。

c. 相组成。在通常的建筑石膏生产过程中，除产生主要成分——半水石膏外，还有一定量的未脱水的二水石膏和可溶性无水石膏（Ⅲ型无水石膏），它们的存在都会对建筑石膏的性能产生影响。适量的二水石膏可以作为晶胚，缩短石膏水化的诱导期，加快其凝结速度，具有一定的促凝效果，其促凝效果随二水石膏表面积和粗糙度的增加而增加，有可能导致石膏水化过快。Ⅲ型无水石膏在陈化过程中可以很快吸收空气中的水分而转化为半水石膏。这种半水石膏由于是二次形成的，与一次形成的半水石膏相比，具有较少的表面裂隙和较低的分散度，比表面积相对减少，有可能导致熟石膏初始水化过快、需水量不易掌握、凝结时间不正常、质量不稳定等；未脱水二水石膏的晶种作用也是造成熟石膏水化过快的重要原因。因此，在生产实践中一定要控制它们的含量。

② 水化条件

a. 水化温度。不同温度时，半水石膏的溶解度不同，二水石膏的析晶速度也不同。石膏溶解度随温度的变化，石膏过饱和度随温度的提高而降低。在水灰比适当且不变的条件下，当温度较高时，石膏浆体系的过饱和度较小，则液相中形成的晶核少，晶体较粗大，晶粒接触点少，强度较低。

b. 水膏比。对胶凝材料来说，水胶比是一个重要的参数。一方面，水胶比直接影响胶凝材料新拌浆体的流动性能；另一方面，水胶比又对胶凝材料硬化体的性能（强度、密度、耐久性等）产生重要的影响。水膏比对石膏硬化体的孔隙率有很大影响，石膏硬化体的抗折强度和抗压强度随着孔隙率的降低而升高。而孔隙率又主要取决于材料的组成和水膏比。

③ 外加剂

石膏应用时，往往并不是单一组分，常常会加入多种外加剂以改善石膏的性能。缓凝剂是使用最多的外加剂之一，其目的是调整石膏的凝结硬化时间，以满足施工的需要。尽管对缓凝剂的作用机理说法不一，但有一点已被证实，缓凝剂可以改变二水石膏的晶体形貌，使晶体普遍粗化，从而显著降低石膏硬化体的强度。减水剂可以在保持石膏浆体流动度不变的情况下大幅度降低拌和用水量，提高成型后的密实度，从而提高强度。另外，其他外加剂（如促凝剂、粘结剂）也会对石膏硬化体的强度产生影响。

④ 使用环境

石膏制品的使用环境（温度和湿度）对其强度也会产生一定的影响。建筑石膏属于气硬性胶凝材料，耐水性很差，在潮湿环境中其强度会大大降低。

5.4.3 当前装配式建筑材料之石膏砌块和墙板的发展

1. 国外发展史

自20世纪40年代，国外就开始用天然石膏制取半水石膏作原料，经加水搅拌，以平模工艺浇筑成型，生产石膏砌块。20世纪50年代后期加工工艺改为立模浇筑成型，以顶升方式，快速提高产量，生产石膏砌块。20世纪70年代以来，石膏砌块成型技术不断提高，不少国家和地区的生产装备由半自动化向全自动化发展，包括液压顶升，液压刮刀自动刮出上企口，自此有了石膏砌块榫头的雏形。

20世纪90年代，烟气脱硫石膏和磷石膏逐渐代替天然石膏作为原料制作石膏砌块。

目前，全世界有60多个国家或地区在生产和使用石膏砌块、墙板，主要用于抗震设防烈度为8度及8度以下地区，新建、改建、扩建的民用与工业建筑非承重墙工程（内隔墙）。石膏砌块和石膏墙板不适用于以下部位：防潮层以下部位；长期处于浸水或化学侵蚀的环境。

2. 国内起步较晚、发展较快

石膏砌块于20世纪80年代开始自德国引进到中国，在近30年间逐步发展，一部分石膏砌块企业也由原来的手工作业转向机械化生产。20世纪90年代初期，尤以我国台湾地区、香港地区、北京市、四川省、山东省等地发展较快，石膏类装备企业也如雨后春笋般涌现出来，装备生产工艺越来越先进，产能越来越高，市场需求量越来越大。

以山东省“留安”牌石膏砌块设备制造基地为例，在20世纪20年代末期，该公司就断定石膏行业一定会是未来中国建材领域的一颗启明星，并开始在德国石膏砌块设备的基础上投巨资研发自己的新装备，独创有石膏砌块模具合金钢镀硬铬技术、镜面抛光技术、气动刮槽技术、气动夹具自动夹取技术等，做到了石膏砌块制品尺寸偏差在1mm范围以内，其精度之高及产能的大幅提升（每模大于1m^3），在一定程度上引领了我国石膏建材行业装备向国外高标准看齐，并努力超越，经过近20年不间断研发创新，石膏砌块装备技术水平、生产工艺已跻身世界先进行列。

在21世纪初期至今的20年间，在山东、四川、河北三省区的石膏砌块市场，仅山东留安石膏智能化机械装备制造有限公司就已经生产并销售出300余台套石膏砌块和墙板设备。同时，来自国外的设备订单逐年增多，中国的石膏装备开始走出国门，为国家争得了荣誉，同时获得了国内外客户的一致好评。为更好服务国外客户，2019年新组建山东大鲁新型环保墙材科技有限公司国际贸易部（以下简称山东大鲁），山东大鲁借助山东留安石膏智能化机械装备制造有限公司的装备销售优势，和山东春天公司在2019年创立联盟机制，联合山东春天建材科技有限公司（以下简称山东春天）联手打造出全国第一家也是目前唯一一家高精度多功能装配式墙体单品全球规模最大、型号最齐全的石膏砌块生产基地，拥有“留安”牌大型石膏砌块生产设备100多台套，已成为国家石膏建材行业同仁多年来的参观样板基地。该基地产品的技术先进性、可行性已被住房城乡建设部列为“2019年全国建设行业科技成果推广项目”（证书编号2019032-2）。该石膏砌块生产基地结合国家绿色低碳、环保节能减排、工业固废转化升级，年消耗工业固废脱硫石膏300多万吨、粉煤灰60万吨，实现年产600万立方米高精度石膏砌块，有力地带动了石膏砌块在我国建筑行业的广泛推广应用，体现出我国石膏砌块行业已经在规模化、工业化、标准化生产方面迈向了一个新台阶。

3. 我国石膏原料和行业代表性企业经验推广

目前我国磷复肥、磷酸产量已居世界第一，火力发电厂众多，各种工业副产石膏粉工业化处理循环再利用的历史较短，因此相应的磷石膏、脱硫石膏，以及柠檬酸石膏、钛石膏、氟石膏等生产排放量及历史堆存量巨大，由于其消化应用技术难度大，工业副产石膏的推广利用越来越受到各级政府部门和社会各界的重视，如何变废为宝迫在眉睫。由于我国各种石膏粉资源的分布和地域差异，以及原料品质、价格等因素，导致最近几年来石膏砌块市场出现了一些在工程应用上的质量问题。还有投资人在设备选型、产业链布局、建筑石膏粉选用和投资方向上的误区，主要表现在以下几点：

我国石膏建材行业投资规模大的企业，例如山东省、河北省，石膏砌块企业相对较多，四川省石膏砌块也有着较大规模，山东省未来会受到石膏粉原材料短缺的制约，四川省因石膏砌块产能大，当地消耗不完，需对省外销售，受运输半径长的困扰，造成价格上没有优势。

南方地区投资规模大的企业（主要是贵州省），除上述运输成本原因外，由于国内石膏砌块装备多是浇注法设备，半干法设备未得到推广应用，其天气多雨、成品晾晒场地小，制约了当地石膏砌块、墙板行业的发展。

投资少规模小、产能低、型号不齐全的企业往往又满足不了大体量工程的需要。

各省份的石膏建材企业，特别是石膏砌块、墙板生产厂家，石膏装备厂家，如果联合起来，产品集中供应市场，抱团取暖可共同应对市场风险。

统一按国家的石膏砌块标准要求和相关或现行标准或企业标准去生产石膏砌块、统一装备加工工艺流程、统一产品生产工艺流程、统一产品外观型号、统一基准定价、统一工程施工工艺、统一工程验收标准，那么产品的生产、应用、推广问题就会迎刃而解。山东大鲁公司借助山东留安石膏智能化机械装备制造有限公司的石膏销售优势和山东春天公司利用联盟机制，以互利共赢的模式做到了以上的要求。联盟企业遍布全省各市县区，共计100多台套大型石膏砌块设备，各自固定在自己的厂区生产，各企业凭借联盟平台资质就近承接工程采购订单，就近供货，减少了运输成本，产能不足时由就近的联盟单位平价调货支援。同时由联盟平台加强知识产权保护，扩大知识产权科技成果共享，建立各联盟单位运营巡查机制，定期做相关技术培训，不定期抽查各联盟单位的石膏砌块生产、施工情况。这一模式的成功建立，不仅可以解决大型工程建设单位供货不足，质量、型号不统一的后顾之忧，也提高了各联盟企业在市场上的核心竞争力。山东省的这一互利共赢的联盟模式很值得全国各省份石膏建材企业去复制、借鉴和推广，毕竟各行各业单打独斗已经没有了核心竞争力。

4. 石膏砌块的生产工艺流程

利用磷石膏、脱硫石膏或其他石膏做砌块、墙板或其他石膏建筑材料，是指以建筑石膏粉为原料，经加水搅拌、浇注成型、干燥制成的一种轻质建筑石膏制品的工艺。

石膏砌块基本生产流程：启动 PLC 全自动控制系统→由自动计量水清洗搅拌机内壁→通过上料螺旋输送→自动计量料仓→进入混合机→气动阀卸下混合机内原料、添加剂→启动液压系统倒料→成品终凝成型→模腔内自动刮槽→液压顶升→气动夹具系统自动夹取或自动推上电动转运车或叉车→至自然晾晒存放场地或烘干室→打包出厂→施工→验收。

在全国不同省市的投资者投资建厂初期，无论是用磷石膏还是脱硫石膏制备各种石膏制品，都建议投资者要了解国家对利用工业副产石膏的鼓励政策。除减免税收方面的政策外，一些省份（如贵州省、云南省、湖北省等）有直接资金补贴支持类的政策，以及不同地区的石膏原料预处理优惠补贴政策。对原料的品位、价格、产量、历史堆存量、土地供应、热源供应情况等，投资者要有一个全面的调查了解。如，经过煅烧或改性的石膏粉原料的品质、产量决定了它适合做什么石膏制品、不适合做什么石膏制品。又比如，煅烧过的石膏粉在四相不稳定的情况下尽量不要做抹灰石膏和石膏板项目；氯离子严重超标的脱硫石膏应确定用于什么用途的风险最低、利用率最大，用什么样的配方解决；未经提纯、杂质较多的磷石膏的使用方向和路径，都有不同的经验和办法。

深入了解石膏砌块、墙板的相关国家标准、行业标准、地方标准、企业标准、施工要求、国家相关部委对固废处理领域的财政补贴政策、有关地方税收减免政策（即征即退）等，石膏行业的相关专家学者在一些专业书刊、自媒体都有阐述，和工业固废物处理配套政策、企业既得收益相关（详见《工业副产石膏应用研究及问题解析》，滕朝晖、王文成、赵云龙主编。该书对石膏行业包括石膏砌块、墙板项目在内的全产业链有一个较全面的介绍，值得石膏界人士阅读、分析、应用）。

5. 一些意见或建议

如果计划投资石膏砌块、墙板项目，有几点意见，与大家共同探讨。目前云贵川地区已经有企业研发了一种半干法石膏砌块装备，其水膏比只有 1：（0.3～0.35），根据不同建筑石膏粉的特性，加入不同的添加剂，以满足石膏砌块的性能指标要求，对传统的浇注法石膏砌块生产提供了一个产能上的补充，解决了部分省区石膏砌块企业晾晒场地小、成品出厂周期长的实际难题，但对于半干法石膏砌块生产过程中的水化过程和水化反应速率的有效掌握是该产品进入墙体工程的有效保证。

对于计划利用脱硫石膏或磷石膏做石膏砌块、墙板的投资者来说，会面临石膏砌块、墙板的设备选型，以及生产场地、生产销售、打包运输、施工等问题，对此有以下建议：

（1）100mm、120mm 厚度的石膏材料做成轻质石膏墙板，150mm、200mm 厚度的石膏材料做成轻质石膏砌块。

（2）石膏砌块采用浇注式设备和半干法设备交替使用，有机互补来解决场地小、供货能力不足的问题。

（3）以年产 10 万立方米石膏砌块墙体为例，换算各规格平方米数：100mm 厚，100 万立方米；120mm 厚，84 万立方米；150mm 厚，66 万立方米；200mm 厚，50 万立方米。

（4）石膏粉用量，年产 10 万立方米石膏砌块墙体的用粉量约为 4.6 万吨。

（5）石膏砌块设备的投资额基本上是固定的，生产的流动资金根据产品周转时间而定，实际产能根据装备的配套、场地的大小和气候对产品的干燥快慢程度、工程应用量大小等因素而定。

（6）产品晾晒、存放场地最好硬化，条件如果具备应搭设防雨棚，如果是石膏粉厂或电厂自建石膏砌块、墙板生产基地，有合适的余热可以充分利用的情况下要建设烘干房。

（7）建设集团或建设单位如果自建工程，体量大、工期长，采购石膏砌块、墙板不如自建石膏砌块、墙板生产基地，自产自用，也可外销。

（8）经过综合核算和市场使用验证，目前国内外用石膏砌块、墙板做工程内隔墙，其墙体工程综合造价最低、性能质量较优。

6

工业磷副产石膏的应用

6.1 磷石膏综合利用现状

磷石膏是生产磷肥而产生的固体废弃物，主要成分是冰硫酸钙（$CaSO_4 \cdot 2H_2O$），还含有少量未完全分解的磷矿、氟化物、磷酸、有机质、酸不溶物、铁铝化合物等杂质。随着我国高浓度磷复肥和磷酸工业的快速发展，副产的磷石膏量急剧增加。目前，国内磷石膏还没有很好的利用途径，大多堆存严重，不仅占用土地，还会造成环境污染。国内外对磷石膏的主要利用途径是通过对磷石膏进行水洗、浮选、石灰改性，和/或煅烧、筛分、球磨、自然陈化等预处理后，用于水泥工业（水泥缓凝剂、水泥），化工原料（硫酸、硫酸铵、硫酸钾、硫酸钙、石膏晶须等），石膏建材制品（石膏粉、石膏板、石膏砌块等），其次是用于筑路、填充采空区和土壤改良剂。

磷化工企业产出的原状磷石膏含有较多的磷、氟和有机物等杂质，对建材生产及制品品质影响很大。磷石膏中的总磷含量高会导致磷石膏分解制硫酸联产水泥熟料的工艺操作困难，水泥熟料指标不稳定。磷石膏含有磷、氟等杂质及较高的游离水，要开发出质量好的新型建材需进行预处理，脱出较高的游离水也需要消耗较多燃料。这导致其在与天然石膏和电厂脱硫石膏的市场竞争中处于不利地位，发展步履较为艰难。

6.2 磷石膏除杂方向

6.2.1 磷石膏洗涤净化技术

1. 目的和意义

目的是推进全国磷石膏资源综合利用，加快绿色化升级的改造步伐，确保全国磷石膏新增堆存量为零，并逐年消纳已有存量，实现磷石膏的产消平衡。如磷石膏不能得到资源化利用，则会严重影响周边的环境，为此主要排放磷石膏的企业，全国相关省直部门正在加紧推动磷石膏的综合应用，并出台相关磷石膏综合利用的专项政策。贵州省率先制定消耗分解表促进磷石膏的综合利用，以“渣定产”实现磷石膏“产消平衡”，确保磷化工稳定运行。

为了实现逐年消纳已有存量，需要加大磷石膏资源综合利用。虽然传统建材产品的需求空间大，但磷石膏存量也相对较大，且磷石膏中含有少量的可溶性杂质和不溶性杂质，这些杂质的存在会对磷石膏下游产品质量及使用效果造成影响（如腐蚀设备，减慢凝固速度，产品表面易粉化、泛霜），进而对磷石膏的资源化利用产生一定的影响。

因此，要想生产出高端建材产品，磷石膏净化除杂对于磷石膏资源化利用是十分必要的。同时，充分利用磷石膏已成为我国磷肥工业能否可持续发展的关键。

水洗涤净化的目的主要是为建筑石膏粉提供质量稳定的原料。同时，可以将水洗石膏直接作为产品销售给建筑石膏粉企业代替脱硫石膏，也可以将水洗石膏添加石灰后作为优质水泥缓凝剂直接销售。

2. 技术简介

该技术以“水”为介质，以多级逆流洗涤反应对磷石膏进行洗涤、脱水，再加入磷石膏净化剂，所获得的净化石膏的品质优于天然石膏的各项指标。

水洗可除去水溶性杂质和有机物，水洗至中性的磷石膏，其可溶磷、氟与有机物含量为 0.1% 以下，可消除除共晶磷以外的大部分其他有害杂质的影响。将洗涤磷石膏的水经分离并集中收集，然后进入中和反应槽中，加入石灰乳，除氟、除磷剂进行反应，将水中的磷、氟以固体形式沉淀下来，使有害态的可溶磷、氟转化为惰性的难溶盐，从而消除可溶磷、氟对磷石膏胶结材的不利影响。利用特定浮选剂与浮选工艺技术，实现水洗石膏脱硅、除杂。再回收水中的磷酸。经进一步过滤，滤液达到工艺回用水要求后返回磷石膏洗涤系统进行循环使用，而过滤后的水处理渣因含有较高的有效磷可作为滤精矿或白肥进一步使用。随着磷资源回收、水的循环使用、无废水排放，从而获得高品质石膏，实现磷石膏净化。无害化、资源化、生态化，是破解磷石膏消纳问题真正可行的出路。

6.2.2 硫酸再生循环净化技术

1. 技术简介

现阶段，磷石膏制备建材确可消纳磷石膏，但工业副产石膏的杂质含量高，产品质量波动大，导致所生产的石膏建材产品推广难度大，销售半径小，至今想大规模实现磷石膏消纳的难度依然很大。现有的方法，无论是制备磷石膏建材还是堆存或充填，关键点均是磷石膏的净化问题，即磷石膏的高效、低成本、大规模净化是核心难题。磷石膏源于以硫酸生产磷酸的大规模成熟主流技术，该体系完整，最根本的突破是“硫酸再生循环”。

2. 技术特征

基于对国内磷石膏净化与硫酸再生循环工作较为全面的实地了解和已有“生态循环工程理论”酸碱联产的创新实践，新工艺提出了“基于硫酸钙分解生成硫酸与活性氧化钙”的硫酸再生循环彻底破解磷石膏净化难题的技术开发思路。其核心特征是实现硫酸循环，同时获得净化磷石膏最有效产品——氧化钙，实现磷石膏净化，消除污染的影响，实现生态化。这样，该技术一方面可将硫酸返回生产磷酸产品，同时每吨氧化钙可以处理磷石膏 30t，还可回收磷资源，解决无废水排放问题。

3. 技术路线

（1）该技术可以“水”为介质，以多级逆流，对磷石膏进行洗涤、脱水，获得净化石膏。

（2）由石膏分解获取的氧化钙作为沉淀剂，加入水洗液，沉淀回收水中的磷酸。随着磷资源回收、水的循环使用、无废水排放，实现磷石膏无害化。

（3）常用的浮选剂与浮选工艺，实现水洗石膏脱硅、除杂，获得高品质石膏，成为制造建材、用作填充、构筑景观的合格原料，实现磷石膏的资源化利用。

（4）将净化后获得的石膏作为原料，加入高硫煤，进行硫酸钙分解，在实现硫酸再生循环的同时，获得用于净化磷石膏的氧化钙。重复以上步骤，不仅运行成本最低，且可大规模产业化，从根本上实现磷石膏的生态化。

（5）以水洗涤磷石膏作为最方便的处理方式已是行业共识，但难题是会产生大量的酸性废水。利用本技术方案，加入自产氧化钙，既回收了磷酸，又实现了水循环利用，一举两得，既保留了水洗净化的优势，还消除了大量酸性废水的问题。

（6）过去磷石膏制备硫酸和水泥的难点在于以高硫煤或者焦炭在 1000～1100℃ 进行煅烧时，会同时产生氧化钙和硫化钙。新的创新工艺可彻底消除这一难点。当产物中含有硫化钙时，硫化钙会与水溶液中的磷酸反应，生成硫化氢和磷酸钙盐，这不仅起到中和磷酸的作用，硫化氢还可以回收到煅烧炉作为还原剂，最终变为二氧化硫进而氧化成为硫酸。

（7）硫酸钙就地分解为酸（硫酸）和碱（氧化钙），实现酸碱联产；硫酸和氧化钙就地使用，最终变为硫酸钙，实现硫酸再生循环。若建设一套年制备10万吨氧化钙的技术装置，可处理水溶性P_2O_5约15万吨，对应每年可处理1000万吨磷石膏，同时产生17万吨硫酸，低成本地实现磷石膏净化。这将成为实现整个磷化工行业磷石膏无害化、资源化、生态化的新起点，是破解磷石膏消纳问题真正可行的出路。

6.3
磷石膏在建筑材料中的应用分析

6.3.1 国内外产品的发展概况

1. 建筑石膏粉

β-$CaSO_4 \cdot 1/2H_2O$ 是建筑石膏最主要的组分，主要用于生产各种建材石膏制品。建筑石膏与石灰、水泥一同并列为建筑材料中最主要的三种胶凝材料。这三种材料中，建筑石膏的煅烧温度最低（约150℃），水泥的煅烧温度最高（1350℃），从而石膏煅烧的能耗最低，约为水泥的1/4、石灰的1/3。石膏建材生产能耗低，制品具有质量轻、防火、隔声、可调节室内空气湿度、施工便利等优点，在长期使用过程中无有害气体释放，是典型的“绿色建材”。

石膏建材制品种类繁多，主要有纸面石膏板、纤维石膏板、无纸面石膏板、石膏空心条板、各种石膏装饰吊顶、石膏砌块及石膏条板、发泡石膏条板；胶结料有抹灰石膏、石膏嵌缝腻子、石膏粘结剂、现浇混凝土空心结构用石膏模盒和石膏自流平砂浆等。在上述产品中，纸面石膏板的应用和发展居首位，我国建筑石膏总产量的65%用于生产纸面石膏板；其次是石膏砌块和抹灰石膏。但随着经济的发展，上述占比也在发生着较大的变化。

2. 抹灰石膏

机械抹灰石膏在国外已广泛使用了80多年。以欧洲国家为例，英国的室内机械抹灰石膏占石膏产品的90%，达到180万吨；德国的机械抹灰石膏用于室内抹灰占总抹灰量的95%，达到300万吨；法国的机械抹灰石膏年用量在150万吨左右；西班牙的抹灰石膏占建筑内墙粉刷总量的95%左右。

美国和日本的抹灰石膏用量分别为250万吨和200万吨。在德国，机械抹灰石膏已形成较完整的工业体系，工厂将散装抹灰石膏直接运至施工现场，再用喷浆机进行墙面喷浆，然后赶匀、抹平、抛光。抹灰石膏同水泥干混砂浆一样发展成为一个大的建筑材料产业。

抹灰石膏由于其独特的防火性能，受到用户的好评；由于其施工效率高，工程进度快，也受到建筑施工单位的欢迎；由于经济效益可观，还受到生产企业的青睐。抹灰石膏从20世纪90年代开始起步，宁夏中卫从德国可耐福公司引进一条机械抹灰石膏生产线，生产的抹灰石膏在各种类型建筑物上使用，如北京的昆仑饭店、广州的国际大厦等。

最早是宁夏、北京、上海、山西、四川、贵州等地兴建了一批手工抹灰石膏生产线，2018 年国内抹灰石膏的用量已达到 2.8 万吨，预计 2022 年我国抹灰石膏的实际需求量将达到 6.1 万吨。总体来讲，我国抹灰石膏处于推广应用期。目前抹灰石膏生产面临的主要问题如下：

目前，我国市场上的抹灰石膏基本是手工抹灰型产品，手工抹灰石膏多应用于机械抹灰，在工地常常出现各种施工问题，影响抹灰石膏大面积使用，也不能发挥抹灰石膏施工高效率的优越性。

手工抹灰石膏生产不规范，质量不稳定，抹灰石膏抹灰后的墙面会出现裂纹和剥落现象，影响了抹灰石膏的推广应用。

近年来，由于国内建筑业墙体保温的要求，国家大力推荐抹灰石膏新型建材，抹灰石膏市场看好；国内人工费用上涨，对建筑业手工施工压力越来越大，国内建筑业呼吁大型机械抹灰石膏企业的发展，尤其是大型高级建筑物，如大型办公楼、商场、居民小区建设对机械抹灰石膏机械化施工特别欢迎。

3. 轻质石膏隔墙板

2016 年 9 月 30 日，国务院办公厅印发的《关于大力发展装配式建筑的指导意见》（以下简称《意见》）明确规定，装配式建筑是用预制部品部件在工地装配而成的建筑。绿色、高效、整洁、环保成为这种新型建筑方式的突出优点。

可以说，发展装配式建筑不仅是生产方式的巨大变革，也是推进建筑业供给侧结构性改革的重要举措，更是促进产业链上下游协同发展、推动绿色建材推广落地的重要途径。

《意见》提出的一项重要任务就是要推广绿色建材，提高绿色建材在装配式建筑中的应用比例，开发应用品质优良、节能环保、功能良好的新型建筑材料，并加快推进绿色建材评价。

根据住房城乡建设部的统计，建筑建材相关领域的能耗占全社会总能耗的 49.5%。为了节土节能，我国开展墙改已经超过 30 年。石膏板作为一种环保节能的新型墙体材料，是世界公认的“绿色”新材料。业内人士指出，石膏板已经成为许多公用建筑隔墙与吊顶的首选材料，也很可能成为装配式建筑未来的主体材料。

6.3.2 石膏新型建材与传统建材的对比分析

1. 抹灰材料

轻质抹灰石膏是采用石膏原料生产的绿色、环保新型材料，与传统水泥砂浆抹灰相比，具有早强快硬、不空鼓、不开裂、更节能的特点。产品防火保温、隔声调湿、表面光滑细腻，并且适合机械化施工，操作方便、用工少、工期短、效率高。

（1）产品性能优势

不同抹灰材料的性能参数见表 6-1。

表 6-1　不同抹灰材料的性能参数

项目	轻质抹灰石膏	普通抹灰石膏	传统水泥砂浆
主要材料	磷石膏 + 轻质微珠	磷石膏 + 天然砂	水泥 + 天然砂
石膏含量	≥90%	≥30%	0
干密度（kg/m^3）	992	1500	1800
抗压强度（MPa）	8.9	≥4.0	≥5.0
黏结强度（MPa）	0.9	≥0.4	≥0.1
导热系数［W/（m·K）］	0.24	0.76	0.93
线性收缩率（%）	0.03	0.03	0.33
空鼓、开裂可能性	无	无	经常
节能要求（15mm 厚）	满足	不满足	不满足
抹灰次数	一遍成型	一遍成型	界面处理、分两遍抹灰、隔天施工
最小施工厚度（mm）	5	5	15
施工速度	快	快	慢
作业方式	干作业	干作业	湿作业
施工方式	机喷、手抹	机喷、手抹	手抹
维修成本	0	0	大
腻子与抹灰施工间隔	同时	—	分开

（2）综合优势

① 轻质抹灰石膏有效解决了传统水泥砂浆“空鼓、开裂”的质量通病。轻质抹灰石膏的黏结强度是传统水泥砂浆的 3 倍，线性收缩率是其 1/10，因此墙面不会产生空鼓、开裂现象，一劳永逸地解决了水泥砂浆抹灰的质量通病，并且无须使用界面剂和大量耐碱网格布，降低了工程造价。

② 环保节能，满足室内墙面节能要求。用高于 4 倍水泥砂浆绝热性能的轻质抹灰石膏，在室内混凝土墙两侧各抹灰 15mm 的厚度（原水泥砂浆的找平厚度），即可满足夏热冬冷地区室内墙面的节能设计要求（$K<2.0$），也可解决夏热冬冷地区间歇式用能对分户墙热阻的要求，提高节能效率，为使用者带来更为舒适的居住环境。

③ 颠覆传统抹灰工艺，机喷提升施工效率。传统水泥砂浆采用手工抹灰施工为主，其施工环节复杂，现场环境脏乱，落地灰多，效率低下，需要大量的熟练工人。如果采用机器喷涂施工，效率为传统施工速度的 3 倍以上，可大大提高施工速度、缩短施工工期、减少劳力用量 65%。

④ 替代传统水泥抹面砂浆，减少材料用量。轻质抹灰石膏的体积密度是传统水泥抹灰砂浆的 50%，同等厚度的材料用量仅为其 50%，可大量节约运输费、搬运费。在墙面平整度允许的条件下，抹灰厚度可低至 5mm，大大低于传统水泥抹灰砂浆 20mm 的

要求。同时减少对稀缺资源——石英砂的用量。

⑤ 轻质抹灰石膏是 A 级防火材料，在发生火灾时，石膏硬化体有大量结晶水在热作用下释放出来，形成蒸汽，阻挡了火焰的蔓延，同时在整个脱水过程中吸收了大量的热，从而提高了耐火性能。轻质抹灰石膏在硬化过程中会形成无数个微小的气孔，可以有效调节湿度，成为会呼吸的墙面，为居住者创造良好、舒适的生活环境。

⑥ 轻质抹灰石膏以工业废渣为原料，解决了磷石膏的二次污染问题。产品的生产能耗跟传统水泥生产相比，可大幅降低，同时减少 70% 以上的废气排放。轻质抹灰石膏材料响应了“十四五”规划精神，为国家重点支持的循环经济产业，能够得到社会的广泛认可与支持。

2. 地面找平材料

石膏基地面找平砂浆主要由 α 型高强石膏或建筑石膏粉为胶凝材料与特种骨料及相应添加剂混合均匀而成，是一种新型环保节能的地面找平材料，主要用于室内地面找平。采用石膏基找平砂浆施工的地面，尺寸准确、水平度极高，不空鼓、不开裂。与水泥砂浆相比，它不会因为热胀冷缩而产生开裂、起鼓等现象，采用地暖的房间更能凸显石膏基找平砂浆的产品优势。

（1）产品性能优势

各种找平材料性能参数见表 6-2。

表 6-2　各种找平材料性能参数

类别	石膏基自流平砂浆	水泥基自流平砂浆	细石混凝土	石膏基自流平砂浆的优势
强度	C20	C20	C20	强度相当
用量（kg/m^2）	12～13	15～18	19～20	节省材料
干密度（kg/m^3）	1450	1800	2400	有效降低建筑物荷载
空气调湿效果	可调节空气湿度 5%	几乎为零	几乎为零	提高居住舒适感
平整度（mm/2m）	3	3	5	保障整体平整度
早强时间	5～6h 可上人	12h 可上人	24h 可上人	大幅缩短工期
施工效率	$250m^2$/（人·天）（机械施工）	$250m^2$/（人·天）（机械施工）	40～$50m^2$/（人·天）	
铺装地板/地砖	可直接铺装木地板、进行地砖薄贴（粘结剂厚度 5mm 左右，铺装速度极快），增加有效层高	可直接铺装木地板、进行地砖薄贴，增加有效层高，但易发生开裂现象	需二次精找平后方能铺装木地板，铺装慢，有较厚的水泥大砂层，且厚度高达几厘米，降低了有效层高	增加空间利用率

（2）综合优势

① 目前在我国的建筑物施工中，地面找平仍然多使用碎石混凝土、水泥砂浆采用传统的手工方法来做找平层，再进行地面的装饰。传统的施工工艺不够环保，且容易出现地面开裂等现象；而水泥自流平砂浆在长期应用过程中出现了诸多不可克服的难题，开裂、起灰、起砂、空鼓等问题一直困扰着业界，对高差较大的地面难以进行一次性找平，需先以混凝土或水泥地面砂浆找平后再用水泥自流平砂浆找平，增加了施工工序及人工、管理成本等；施工厚度超过 5mm 时往往会产生收缩开裂，难以进行水泥自流平砂浆高厚施工，楼层地面抬高找平、地暖回填找平绝大多数使用细石混凝土、水泥砂浆等传统材料，施工效率低下、找平精度低，装饰面层若使用木地板、PVC 塑胶地板、地坪漆等对基面平整度及强度要求较高的材料，则需用水泥自流平砂浆二次找平，增加了施工成本。

② 石膏基地面找平砂浆的性能指标既满足水泥基找平砂浆的要求，又具有绿色、环保、不开裂等特点，是我国建材市场上替代水泥垫层的找平绿色材料。

3. 内隔墙体材料

（1）石膏砌块

石膏砌块是以煅烧的半水石膏为原料，采用浇注或半干法工艺成型，再通过或烘干或自然养护制得的轻质墙材。其具有透气性好、调节室内温度、施工快捷方便、保温隔热效果明显等特点，达到 A 级防火性能等级。

内隔墙体材料性能参数见表 6-3。

表 6-3 内隔墙体材料性能参数

序号	对比项目	指标及标准	加气混凝土砌块（200mm 厚）	石膏砌块（200mm 厚）	备注
1	防潮性	2h 吸水率（%）	≥35	≤5	防潮性好
2	面密度	kg/m^2	110～130	80	轻质
3	耐火极限	h	≥2～3	≥4	更耐火
4	隔声系数	dB	35～38	41	更隔声
5	抗压强度	MPa	3.5	10	强度更高
6	收缩性能	干缩值（mm/m）	0.5	0.2	不开裂
7	单点吊挂力	kg	30～50	60～100	强度更高
8	保温性能	传热系数［W/（m^2·K）］	0.16～0.18	0.16～0.18	自带保温

（2）轻质石膏隔墙板

① 产品性能优势

轻质石膏隔墙板以净化磷石膏粉为原料，经自然养护而成，具有质量轻、强度高、环保、保温隔热、隔声、呼吸调湿、防火、施工快速、降低墙体成本等优点，是一种新型节能的墙体材料。

不同材料的性能参数见表6-4。

表6-4　不同材料的性能参数

序号	对比项目	指标及标准	加气混凝土砌块（200mm厚）	改性轻质石膏板（100mm厚）
1	隔声性能	dB≥35	35～38	43
2	抗开裂性能	干燥收缩值≤0.6	0.4～0.5	0.3
3	抗冲击性能	抗压强度（MPa）≥3.5	3～4	4.6
4	吊挂力性能	单点吊挂力（kg）	30～50	100
5	保温性能	传热系数［W/（m^2·K）］≤0.16	0.15～0.16	0.02
6	耐火性能	耐火极限（h）≥1	1～2	2.5
7	耐水性能	吸水率（%）软化系数	35～50	0.62
8	墙体质量	面密度（kg/m^2）	110～130	78
9	放射性物质	内外照指数≤1	0.5～0.6	0.3

② 经济优势

a. 石膏轻质隔墙条板发生的费用只有隔墙条板本身主材费用、安装人工费用两大项。使用石膏轻质隔墙条板可直接成墙及抹灰，表面可直接进行装饰施工。

b. 100mm或120mm厚的轻质石膏隔墙条板的防火、隔声、隔热等性能达到甚至超过200mm厚传统工艺下的隔墙性能，内隔墙完全可以采用100mm或120mm厚的轻质隔墙替代200mm厚传统施工工艺下的室内分室墙；若分户墙确需使用200mm厚时，可以使用100mm厚条板双拼而成或采用石膏喷筑复合内隔墙。

c. 轻质石膏隔墙条板安装完后达到的性能对应传统建材工艺的工序减少了墙体拉结钢筋及植筋、构造柱钢筋及植筋、加气混凝土砌块砌筑墙体、构造柱钢筋绑扎、模板安拆、混凝土浇筑、砌筑及抹灰用砂浆、墙体双面弹浆挂网、双面水泥砂浆抹灰、卫生清理及垃圾外运等工序。

6.4

超微细轻质无水Ⅱ-u型磷石膏粉的应用

1. 产品简介

超微细轻质无水Ⅱ-u型磷石膏粉是利用二水磷石膏（$CaSO_4 \cdot 2H_2O$）作为原料的最新研发成果，目前已在贵州磷化集团进行中试试验，并在塑料中作为填料得到很好的应用。超微细轻质无水Ⅱ-u型磷石膏粉具有高强度、高模量、高介电强度、耐磨耗、耐高温、耐腐蚀、红外线反射性良好、易于表面处理、易与聚合物复合、无毒等诸多优良的理化性能。作为增强纤维和超细无机填料，可用于树脂、塑料、橡胶、涂料、油漆、造纸和密封材料中作补强增韧剂或功能型填料，又可直接作为保温材料、耐火隔热材料、包覆电线的高绝缘材料。

2. 应用范围

（1）用于增强PP、PE、PA、ABS、PBT、PET、PU、硅橡胶和氟橡胶等橡塑产品。超微细轻质无水Ⅱ-u型磷石膏粉可广泛应用于农业、电子、电气、电器、机械、汽车、化工装置的零部件，提高其相关性能（尤其具有耐酸性能）。

（2）用于造纸，可以改善其不透明性、可塑性、阻燃性以及印刷性能。超微细轻质无水Ⅱ-u型磷石膏粉可以替代部分或大部分纸浆，降低木材（木浆）消耗，既保护了环境，又减少了造纸中的废水排放。

（3）超微细轻质无水Ⅱ-u型磷石膏粉作为造纸的填料可完全代替轻质碳酸钙。

（4）超微细轻质无水Ⅱ-u型磷石膏粉用于胶粘剂，不但使胶粘剂具有明显的增强、增韧、增稠、耐热、耐磨、耐油、降低内应力等性能，而且具有分散性好、触变性高、施工不流淌、固化后表面光滑、不出现白花等表象的特点。

（5）用于油漆和涂料，可以增加附着能力，提高耐高温和绝缘性能。

3. 品质指标

超微细轻质无水Ⅱ-u型磷石膏粉指标见表6-5。

表6-5 超微细轻质无水Ⅱ-u型磷石膏粉指标

序号	检测项目	企业质量标准	实测值
1	结晶水（%）	≤0.10	0.03
2	附着水（%）	≤0.10	0.05
3	无水磷石膏粉（CaSO4）（%）	≥95	98

续表

序号	检测项目	企业质量标准	实测值
4	水溶性五氧化二磷（P_2O_5）（干基）（%）	≤0.10	0.05
5	水溶性氧化镁（MgO）（干基）（%）	≤0.10	0.05
6	总铁（干基）（%）	—	0.1
7	水溶性氧化钠（Na_2O）（干基）（%）	≤0.06	0.06
8	氯离子（Cl^-）（干基）（%）	≤0.02	0.01
9	总氟（F）（mg/kg）	≤150	86
10	砷（As）（mg/kg）	≤5	2.5
11	铅（Pb）（mg/kg）	≤50	23
12	汞（Hg）（mg/kg）	≤0.5	0.25
13	镉（Cd）（mg/kg）	≤5	4.6
14	铬（Cr）（mg/kg）	≤50	20
15	松散密度（g/cm^3）	0.4～0.5	0.46
16	白度	90～93	92
17	产品目数	800目、1250目、2500目通过率97（%）（可根据客户要求提供）	

注：超微细轻质无水Ⅱ-u型磷石膏粉的性能优于轻质碳酸钙和天然石膏。

4. 技术优势

（1）工艺成熟，质量稳定。产品真正做到磷石膏粉（无水Ⅱ型）不再吸水和转晶，其结晶水含量在0.2%以下，二水石膏完全转晶为（Ⅱ型）石膏。该产品放置在露天无论多少天，均不再吸水转为半水石膏和二水石膏。

（2）本产品是以磷石膏为原料的循环经济利用项目，符合国家和贵州省产业发展政策，并得到当地政府部门的大力支持。

（3）本产品质量稳定，其品质比以天然石膏为原料生产的无水（Ⅱ）型磷石膏粉和轻质碳酸钙都好，其生产成本也大大低于以天然石膏为原料生产的无水（Ⅱ）型磷石膏粉和以石灰石矿为原料生产的轻质碳酸钙，因此，其抗风险能力强。

5. 市场前景展望

（1）在地膜中的用量：每年地膜中添加的填料主要是轻质碳酸钙，添加量为总量的30%，每年约需碳酸钙300万吨。

（2）在塑料管材中的用量：每年约需重质和轻质碳酸钙2000万吨。

（3）人造革中的用量：每年约需300万吨，完全可以代替轻质碳酸钙，其性能优于轻质碳酸钙。

（4）在各类纸张中的用量：除卫生用纸不添加填料外，其余打印复印纸、包装用纸等必须添加碳酸钙、磷石膏粉、滑石粉、钛白粉等作为填料，其添加量为 5% ~ 25%，每年约需各类填料 2000 万吨。

（5）该产品在品质上比天然石膏和轻质碳酸钙都好，其生产成本也比天然石膏和轻质碳酸钙都低，因此完全可以代替天然石膏和轻质碳酸钙。

6.5 磷石膏粉在石膏现浇墙中的应用

石膏现浇墙是指半水石膏粉在工厂复配成浇注料，浇注料运输到施工现场，在现场按图纸放线，支好模板，用专用设备加水搅拌，输送到模具内，凝固后，拆模成型的墙体。石膏现浇墙一般用于制作自承重内隔墙，其特点：成墙速度快，线管、线盒、构造柱可预埋墙内，不用二次开槽施工，墙面平整可以达到免抹灰要求，但施工要求多工种配合，技术有一定难度。

现浇石膏墙体的物理力学性能指标见表6-6。

表6-6 现浇石膏墙体的物理力学性能指标

序号	项目	指标要求
1	抗压强度（MPa）	潮湿环境≥8.5　内墙≥6
2	抗折强度（MPa）	≥2.5
3	浸水饱和后的抗压强度（MPa）	潮湿环境≥5　内墙≥3.5
4	干密度（kg/m^3）	≤1100
5	含水率（%）	潮湿环境≤2　内墙≤5
6	软化系数（%）	≥0.6
7	吊挂力（N）	≥1000
8	空气声隔声量（dB）	≥40（100mm）
		≥48（200mm）
9	传热系数［W/（m^2·K）］	≤2.0
10	放射性	≤1.0
11	抗冻性	墙体表面不应出现破裂、分层、鼓泡等缺陷
12	耐火极限（h）	户内墙≥2
		分户墙≥3

石膏现浇墙施工，要求施工操作人员、原料、模具、设备紧密配合，下边从这几项逐步讲述。

6.5.1 原料

石膏现浇墙用的主要原料是煅烧好的半水石膏，一般为β型半水石膏粉，若强度达

不到要求也可掺入 α 型半水石膏粉提高强度。天然石膏粉、脱硫石膏粉、磷石膏粉都可以作为原料。要根据原料粉的特点，在工厂调整复配，复配时注意以下几个参数：

（1）物理性能

石膏墙成型干燥后，其主要指标一般参照《建筑用轻质隔墙条板》（GB/T 23451—2009），抗压强度要大于4.5MPa，复配好原料检测时一定要检测其干缩性，石膏墙成型后是一整块大板，干缩性大会有裂缝产生。

（2）化学性能

石膏现浇墙要关注对钢筋的腐蚀。脱硫石膏一定要测氯离子含量，氯离子含量高、pH 低对钢筋腐蚀性大。磷石膏关注 pH 及可溶成分，可溶磷多，易长霉长青苔；可溶钾、钠多，易长白霜。

（3）凝结时间

石膏粉初、终凝时间要根据现场施工做调整，计算加水搅拌到浇注入模时间，工厂复配时要调整好。凝结时间短，容易凝固到设备中；凝结时间长，浇注到模具，长时间不凝固，压力大，容易胀模漏浆。

（4）可施工性

复配好的料，加水搅拌不泌水、不分层，能保持良好的流动性。泌水会在墙体形成水平走向的水痕层，水痕层强度很低实际等于墙体分层，危害很大。浆料分层，会在输送过程中重质材料沉底，容易堵塞管道，设备不能长时间连续运行。

建筑石膏和改性石膏的性能指标见表6-7、表6-8。

表6-7 建筑石膏性能指标

等级	细度（0.2mm 方孔筛筛余）（%）	凝结时间（min）		2h 强度（MPa）	
		初凝	终凝	抗折	抗压
3.0	≤10	≥3	≤30	≥3.0	≥6.0
2.0				≥2.0	≥4.0
1.6				≥1.6	≥3.0

表6-8 改性石膏性能指标

序号	项　目	性能指标
1	干燥状态下的表观密度（kg/m^3）	≤1100
2	标准稠度用水量（%）	≤75
3	凝结时间（min）	初凝时间≥5
		终凝时间≤30
4	抗压强度（MPa）	潮湿环境≥8.5
		室内隔墙≥6.0
5	抗折强度（MPa）	≥2.5

续表

序号	项　目	性能指标
6	饱和状态下的抗压强度（MPa）	潮湿环境≥5
		室内隔墙≥3.5
7	含水率（%）	潮湿环境≤2
		室内隔墙≤5
8	软化系数	防潮型≥0.8
		普通型≥0.6
9	导热系数［W/（m·K）］	≤0.2
10	放射性核素限量	I_{Ra}≤1.0 和 I_{γ}≤1.0

6.5.2 模具

石膏现浇墙的成型速度快、模具周转频率高，为了减轻工人劳动强度，建议使用材质轻的模具。混凝土常用的钢模板，因为质量大，通常不考虑。

（1）铝模板

铝模板的材质轻，表面光滑平整，有成熟的安装工人，是不错的选择（图6-1）。

图6-1　铝模板

（2）木模板

普通木模板的价格低，使用方便，但不耐水，周转次数少，适用于异型墙体。木模板的使用方法和浇筑混凝土基本一致（图6-2）。

（3）塑料模板

塑料模板一般分两种：一种是整体压制有背棱的塑料模板，这种模板强度高，不会变形，用专业卡钩连接，多种型号模板可以拼接。另一种是和木模板一样的平板，有实心和空心两种，使用方法和木模板基本一致（图6-3）。

图 6-2　木模板

图 6-3　塑料模板

（4）塑面钢框和塑面铝框模板

这两种模板是把塑料模板在工厂内和钢框或铝框复合在一起，拼接是用快接头快速连接，提高现场支拆模板的速度（图 6-4）。

图 6-4　塑面钢框模板

（5）塑面模板

这种模板是在木模板表面黏结塑料面层，耐高温，耐水，质量适中（图6-5）。

图6-5 塑面模板

（6）机械爬模

用钢模板或铝模板做成爬模，浇注一定高度的石膏，凝固后向上爬升再浇注上一层。只适合大长墙施工。

6.5.3 设备

目前石膏现浇墙的设备分两大类：连续式设备和间歇式设备。

1. 连续式设备

连续式设备是连续上料，持续供水，搅拌、输送不间歇。这种设备需要控制好水料比，保证粉料遇水后不在设备内黏结。目前连续式设备有大型固定和小型移动两种。大型固定设备使用料仓供料，搅拌机输送泵固定不动，用管道把搅拌好的浆料输送到工作面，节省人工，但操作难度大；小型移动设备在工作面附近工作，管道输送一般不超过50m，容易操作（图6-6）。

图6-6 连续式设备

2. 间歇式设备

这种设备由搅拌罐、储罐、输送泵组成。水和浇注料在搅拌罐内搅拌均匀，放到储罐内，再由输送泵输送到模具内。石膏凝结时间需要调整得长一些（图 6-7）。

图 6-7 间歇式设备

6.5.4 墙体表观密度

目前，内隔墙设计一般是轻质隔墙，按加气块计算表观密度为 600～800kg/m^3，实际上有水泥砂浆灰缝层、混凝土构造柱、门窗过梁，其表观密度肯定高于加气块的表观密度，但施工方经常要求墙体表观密度不高于加气块表观密度。而 β-二水石膏的表观密度一般为 800～1100kg/m^3，高于施工方要求。此时，有以下几种解决方案：

（1）墙体减薄

在满足抗冲击、隔声要求的情况下，把墙体厚度减薄以减轻墙体质量，通常室内 120mm 厚度减为 100mm 厚度，分户墙 200mm 厚度减为 150mm 厚度，减薄墙体厚度，墙体表观密度可以满足设计要求，还可以扩大室内实际使用面积。

（2）石膏发泡

在设备上加上发泡机械，发泡剂经过发泡后加入搅拌好的石膏浆液，再搅拌输送到模具内，形成发泡石膏墙，减小表观密度。一般发泡减轻表观密度后墙体强度会降低，但少数发泡剂在和石膏浆液极合理配比下，还会略微增加成型后墙体的强度，发泡石膏干燥速度会加快。

（3）夹心墙体

在浇筑时可以将空心管或轻质管固定在墙体中间，而后浇筑，形成夹心墙体，减轻墙体质量。

6.5.5 施工流程和施工工序

石膏现浇墙的施工流程和施工工序如图6-8、图6-9所示。

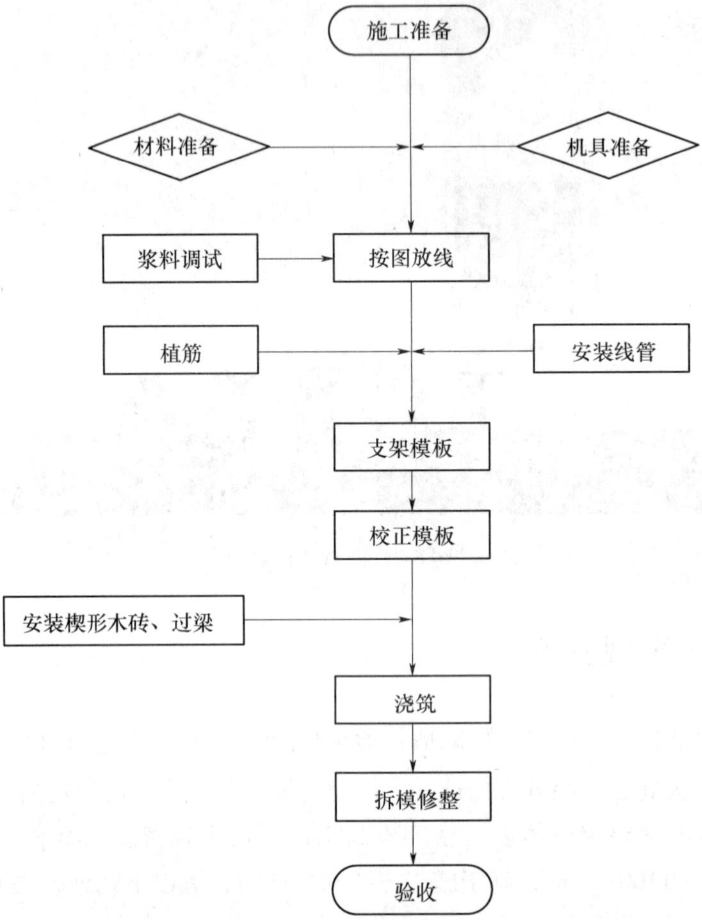

图6-8 石膏现浇墙的施工流程

(a) 按图放线 (b) 植筋、安装管线

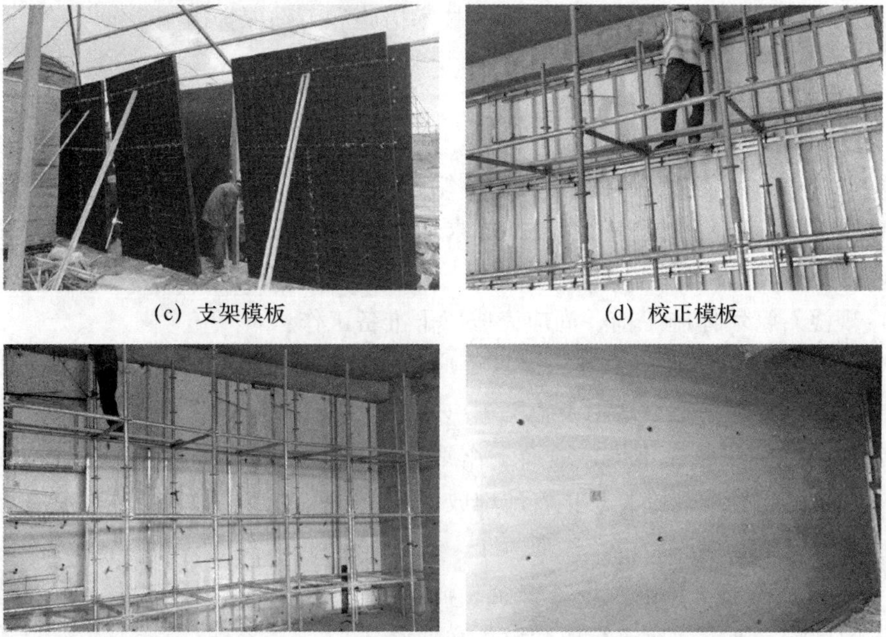

（c）支架模板 （d）校正模板

（e）浇筑 （f）拆模修整

图6-9 石膏现浇墙的施工工序

6.5.6 施工技术要求

（1）施工前，施工单位应编制完成装配石膏浇筑墙分项工程施工技术文件。施工技术文件应符合以下规定：

① 编制装配石膏浇筑墙图（立面、平面图），图中应标明墙厚，门窗洞位置、尺寸，管线、配电箱、插座、开关盒的位置尺寸、数量，各类连接件的位置、数量、规格种类等。

② 施工相关技术资料包括分段浇注处的防裂连接构造，隔墙与主体墙柱、顶板的连接做法，门窗洞口的构造做法，管线做法，吊挂重物的加固做法等。

③ 编制具体施工方案，包括施工人员、机械、运输、储存、辅助材料制备、施工工艺要求、施工顺序、工期进度要求、质量要求、安全措施、工艺检查、验收和整改。

（2）较大项目施工前，宜先做样品间，经有关方面确认选用后，方可进场施工。

（3）施工前施工单位应对施工人员进行培训，施工人员应熟悉施工相关图纸及技术文件资料。

（4）施工单位应遵守国家有关环境保护的法律、法规，采取有效措施控制施工现场的各种粉尘、废弃物、噪声等对周围环境造成的污染和危害。

（5）施工现场环境温度不应低于 -3℃。在 -3℃环境下施工时，应采取冬期施工措施。

（6）施工单位应建立质量保证体系。设专人对各工序进行验收，保存验收记录。

（7）施工现场质量管理检查，应先由施工单位自检后填写，报监理工程师（或建设单位项目负责人）进行检查并做出结论。

(8) 施工单位应制定相应的安全施工技术措施和劳动保护措施。

6.5.7 施工准备

(1) 现浇石膏墙体施工应在建筑主体结构验收合格后进行。施工前，应核对已完成结构的外观质量和尺寸偏差符合设计要求和相关标准的规定，同时应核查现场施工条件是否满足要求。

(2) 现浇石膏墙体施工前，尚应完成以下准备工作：

① 对进场的材料、施工工具、模具等应派质检人员验收。查验产品合格证及相关检验报告，不合格的产品不得用于施工。

② 材料堆场应平整、干燥，地面工作站（供料站）设置可拆卸式钢结构安全防护棚，并应有防雨和排水措施，禁止着地堆放，防止浸水受潮。材料应堆放整齐，并设置标志，堆垛间应留有通道。

③ 应检查设备施工用电及设备安全，输料送水管道应安装完毕，人行及行车通道处做好防护措施。施工前应进行成套设备联动调试。

④ 应将墙体施工部位清理干净。与现浇石膏墙体连接的楼地（顶）面、墙柱面的浮灰、油渍应进行处理，用高压水枪浇湿并冲洗干净，防止现浇石膏墙体连接不牢固或开裂。

⑤ 应对墙体施工部位测量放线，并应设置施工定位标志。测量放线应符合现行国家标准《工程测量标准》（GB 50026—2020）的有关规定。放线时应先弹出墙体边线，离墙边 300mm 引出墙体控制线，并弹出门窗洞口位置。

6.5.8 模具安装

(1) 模具的安装应符合下列规定：

① 模具内不应有杂物、积水或冰雪等。

② 模具与混凝土的接触面应平整、清洁。

③ 模具接缝应严密。

④ 对无外加装饰面层的现浇石膏墙体，应使用能达到设计效果的模具。

⑤ 墙体支模前，应对墙底的混凝土表面进行拉毛或凿毛处理，清除干净松动的石子、浮浆、灰尘及杂物，增加石膏墙体与混凝土面的黏结性。

(2) 支模前，模具应使用专用脱模剂涂刷或采用免脱模剂板材。

(3) 专用脱模剂一般应在石膏浇筑前进行涂刷，以免影响使用效果。实际施工时可依据脱模剂的性能进行调整。

(4) 支模前，应检查模具的表面平整度是否满足要求，是否有局部变形。变形的模具应进行修复或更换。

(5) 施工接缝处应按设计要求设置榫槽连接。

(6) 墙体接缝处采用榫口对齐的连接方式有利于防渗漏，还可保证墙体不错位、接缝平整。

（7）模具一次安装完成后，应采用激光投线仪及钢尺检测墙体模板的垂直度和对角线差。模板的垂直度超过2mm或对角线差超过4mm时，应及时调整或重新组装。

（8）支模完成后应二次检查模具是否固定牢靠，防止模板变形的支撑件是否按规定安装牢靠，防止浇筑时模板受力松动，造成墙体变形。

（9）模具安装应安全牢固，保证其不受膨胀力而变形的关键在于支撑件是否按规定安装牢靠，故应认真检查。

（10）模具支设完成后，应检查模板两侧及顶、底部与结构之间的缝隙是否封堵严实，防止浇筑过程中漏浆。

（11）模具不得碰撞、摔打，防止模板变形。模板发生变形后会直接影响墙体平整度及垂直度。

（12）模具安装时，应按设计要求设置门窗过梁钢件、预埋件以及预埋管线等，且应安装牢固。有防渗要求的预埋件，应按设计及施工方案的要求采取防渗措施。

6.5.9 管线安装

（1）管线宜按设计要求，预先固定在模具上，直接浇筑石膏后埋设在墙体内。不宜后开槽埋设管线。

（2）确需在墙体上开槽埋设管线时，应符合以下规定：

① 墙体开槽位置应根据设计图纸精确定位，先弹出线管及线盒边线（参照建筑1m线及墙体控制线），再采用专业开槽机进行开槽切割，开槽尺寸满足要求，线槽深度$h \leqslant d_n + 20mm$，线槽宽度$b \leqslant d_n + 6mm$；开槽产生的石膏料渣应统一回收，采用专用回收利用装置进行处理再利用。

② 当在现浇石膏墙体上横向开槽、开洞敷设电气暗线、暗管、开关盒时，墙面开槽深度不应大于墙厚的2/5，横槽长度不应大于现浇石膏墙体长度的1/2；当横槽长度超过墙体长度的1/2时，开槽深度不得大于25mm。严禁在现浇石膏墙体两侧同一部位开槽、开洞，其间距应错开150mm以上。开槽、开洞应在墙体浇筑成型7d后进行。

③ 管线安装后，采用管码或水泥钉+铁丝进行固定，固定间距应不大于300mm。

④ 管线固定后，应采用专用石膏将线槽填充密实，然后粘贴玻纤网，每边伸出线槽的长度不得小于100mm。

（3）在浇筑完成的墙体上开槽埋设管线，如不严格按本条规定执行，很可能造成墙体裂缝和破损，所以应尽可能在石膏浇筑前预埋。

6.5.10 浇筑入模和拆模

（1）墙体石膏浇筑前应完成下列工作：

① 隐蔽工程验收和技术复核。

② 对操作人员进行技术交底。

③ 根据施工方案中的技术要求，检查并确认施工现场具备实施条件。

（2）石膏浇筑前，应对将被下一工序覆盖而无法事后检查的项目进行隐蔽工程验收，对所浇筑墙体的位置、标高、几何尺寸、预留预埋等进行技术复核工作。

（3）石膏浇筑应环保施工，并应符合下列规定：

① 粉料从进料—混料—送料—制浆—浇筑全过程实现无尘施工，成套设备各节点做好防尘、降尘措施。

② 施工现场所有余料或切割形成的料渣应统一回收，采用石膏余料回收利用装置进行专业处理再利用。

③ 清洗设备用水需经过多级沉淀后再排入排污管道，待料渣沉淀凝固后，按②条进行回收再利用。

（4）墙体浇筑时应严格按设计配比控制水粉比值，宜通过浆体流量进行验算。严禁将水或超过水膏比的浆体直接注入模具。

（5）墙体浇筑时水粉比过大，水粉比超过 0.75 时会导致墙体强度缺陷和容易胀模的现象，应从严控制。

（6）设备开机前应检查供水泵和流量计过滤网，每天至少两次。

（7）流量计过滤网如发生堵塞，会造成水量计量不准确，影响正常施工和墙体质量。

（8）应确保墙体顶部石膏浇筑密实。当浇筑不密实时，应在 7d 后采用专用石膏进行嵌缝密实。

（9）一组模具应一次浇筑成型，如分两次浇筑，则分层处有可能产生开裂。

（10）下一组模浆料浇筑间隔时间宜控制在 10min 以内，避免设备及管道内材料凝固，每隔 10min 未正常开机，需进行设备及管道清洗，至余料排尽为止。

（11）拆模宜在墙体浇筑完成后 15min 内进行。拆模时严禁大幅度推搡、晃动、敲打，以免墙体开裂、破损。

（12）墙体浇筑完成后，若不及时在 15min 内拆除模板，会导致拆模困难。

（13）对于墙面的局部爆点、裂纹及质量缺陷部位，应在下道工序施工前，采用专用无尘打磨机对需要修补的墙面进行打磨。裂缝修补前，应将裂缝切割成 V 形缝，缝宽不小于 5mm、缝深不小于 8mm；再采用专用石膏嵌缝，修补密实。腻子批刮前，应对修补部位粘贴玻纤网，玻纤网各边伸出缝边沿 100mm。

（14）现浇石膏外墙的底部与地面交接处，应采用高压水枪对地面混凝土拉毛并清理干净，外墙底部与地面交接处安装遇水膨胀止水条。

（15）与石膏墙体接触的混凝土面拉毛，有利于石膏墙体和混凝土地面的黏结牢度，拉毛后应清除浮尘。

6.5.11 装饰装修

（1）墙体完成后进行装饰时，开洞槽后应采用专用石膏或者水泥砂浆加 801 胶水调成浆糊状进行补平嵌缝，不宜用普通水泥砂浆或普通石膏补平嵌缝，以免产生裂缝。墙体缺口处或开槽处补齐补平宜采用专用石膏。

（2）墙体完成开洞槽后如果使用普通水泥砂浆嵌缝，极易造成水泥浆内水分被石膏迅速吸干，导致缺口开裂。

（3）墙体施工完成后，在室温达到25℃以上且通风良好的情况下，必须自然养护14d，墙体达到自然干燥后方可进行涂刮腻子施工。室温低于25℃或者在通风条件不良的情况下，自然干燥时间应适当延长，检查确认墙体已完全干燥后方可进行涂刮腻子施工。

（4）墙体完成后，应待石膏干燥后方可进行后续施工，严禁在石膏未干燥前使用封闭型腻子，以免造成墙体内游离水分无法逸出，引起脱壳空鼓。

（5）在石膏墙体上粘贴饰面砖时，应先清理墙面，采用专用石膏或用801建筑胶水拌和水泥砂浆粘贴耐碱玻璃纤维网布后，再粘贴饰面砖。对于厨房、卫生间的墙面，应施工防水层后再粘贴饰面砖。

6.5.12 现浇石膏墙体与主体连接构造

（1）现浇石膏墙体施工高度不宜超过4m。高度超过4m时，宜在墙体半高处设置与混凝土墙或柱连接且沿现浇石膏墙体全长贯通的钢筋，经现浇形成钢筋石膏水平系梁。

（2）现浇石膏墙体施工长度不宜超过6m。超过6m时，应设置构造柱。构造柱宜采用钢筋石膏或金属管柱。

（3）现浇石膏墙体设置水平系梁和构造柱是为了保证墙体稳定，防止墙体发生变形。现浇石膏墙体水平系梁的设置示意如图6-10所示。当墙厚度不大于100mm时，可设置单肢箍构造柱，构造柱主筋采用2根直径为10mm的钢筋，箍筋采用直径6mm、间距200mm的单肢箍，当墙厚大于100mm时，可设置如图6-11所示的双肢箍构造柱。

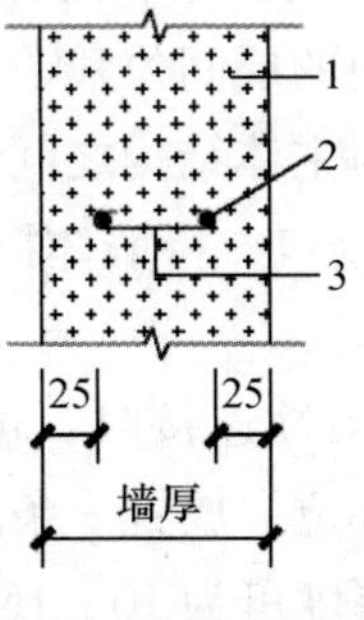

图6-10 水平系梁示意

1—现浇石膏墙体；2—系梁纵筋（2ϕ10）；3—系梁拉筋（ϕ6@300）

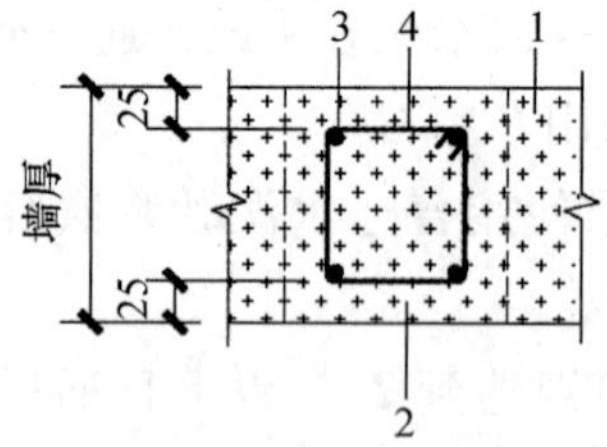

图 6-11　钢筋石膏构造柱示意

1—现浇石膏墙体；2—构造柱；3—纵筋（4ϕ8）；4—箍筋（ϕ6@200）

（4）现浇石膏墙体门窗洞口顶部均应设置过梁，可采用扁钢和钢筋笼等石膏过梁（图 6-12）。扁钢宽度不应小于 30mm，板厚不应小于 3mm。纵向钢筋直径不宜小于 10mm。箍筋直径不宜小于 6mm，间距不宜大于 200mm。扁钢和纵向钢筋伸出洞口两侧的长度不应小于 500mm。洞口宽度超过 1.2m 或洞口设置在墙体端部时，应通过计算确定过梁配筋。

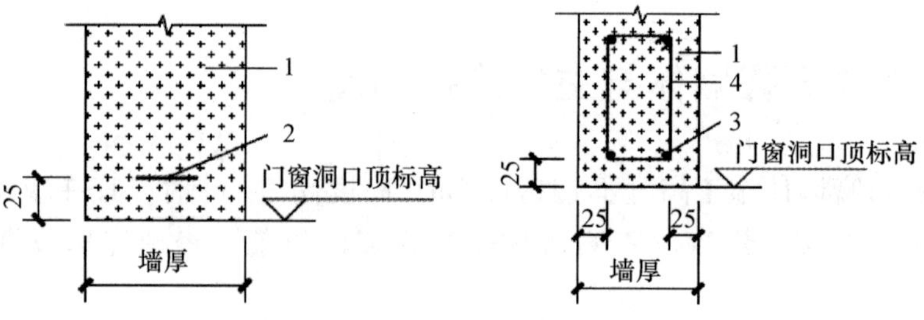

图 6-12　洞口顶部设置石膏过梁

1—现浇石膏墙体；2—扁钢；3—过梁下部纵筋；4—过梁箍筋

（5）依据现行国家标准《混凝土结构设计规范（2015 年版）》（GB 50010—2010）规定的计算原则，现浇石膏墙体隔墙内水平系梁由钢件和石膏共同构成，由钢件承担抗拉性能，石膏承担抗压性能。

（6）现浇石膏墙体与主体结构之间宜采用柔性连接（图 6-13），且应采取可靠的拉结措施，应能适应主体结构不同方向的层间位移。当主体结构刚度相对较大可忽略石膏墙体的刚度作用时，现浇石膏墙体与主体结构之间可采用刚性连接。石膏墙体与梁、板相连的墙体位置宜留设 U 形或 V 形企口，待墙体拆模养护 7d 收缩稳定后，采用专用石膏进行嵌缝处理。

（7）现浇石膏墙体与主体结构柔性连接时，可在墙体顶端与梁板之间、竖向与墙柱之间，沿墙顶部横向或沿墙纵向部位，放置一条通长高强柔性材料，如泡沫交联聚乙烯、泡沫橡胶等。高强柔性材料的厚度可为 10～15mm，宽度为墙厚 - 10mm。墙体顶端与梁板之间可采用专用石膏粘贴的方式固定。

（8）现浇石膏墙体与不同材料的连接界面或墙体接缝处，应采用专用石膏和涂塑玻纤网格布进行加强处理。接缝处在腻子嵌缝抹平前粘贴涂塑玻纤网格布（160g/m^2），防止开裂（图 6-14）。

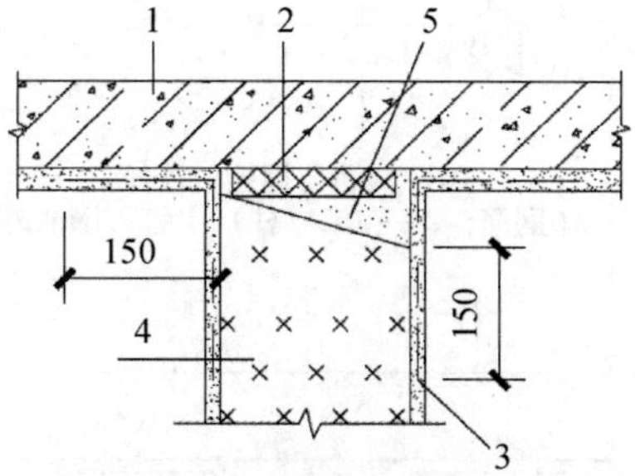

(a) 与顶板柔性连接
1—顶板；2—通长高强柔性材料；3—粘贴玻纤网格布；
4—现浇石膏墙体；5—顶部预留25°~35°V形企口

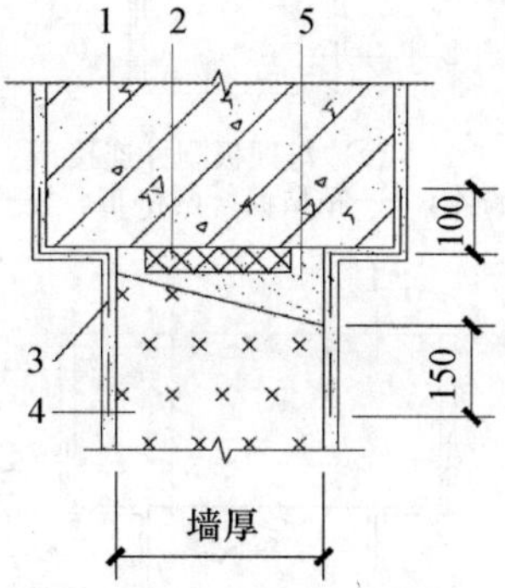

(b) 与混凝土梁柔性连接
1—混凝土梁；2—通长高强柔性材料；3—粘贴玻纤网格布；4—现浇石膏墙体；
5—顶部预留25°~35°V形企口

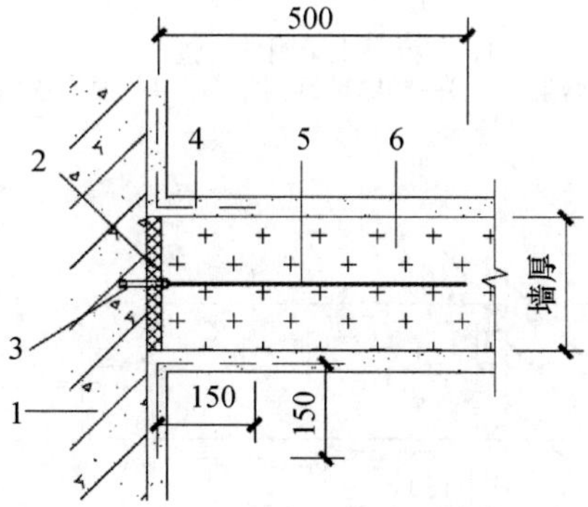

(c) 与混凝土柱或墙柔性连接
1—墙（柱）；2—通长高强柔性材料；3—在墙（柱）上钉入膨胀螺栓（间距500mm）；
4—粘贴玻纤网格布；5—φ6钢筋，伸入石膏墙体内500mm；6—现浇石膏墙体

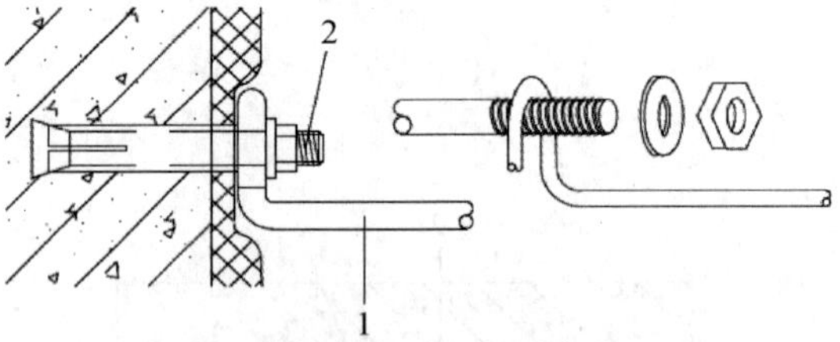

(d) 钢筋与螺栓的连接
1—ϕ6钢筋；2—在墙（柱）上钉入膨胀螺栓

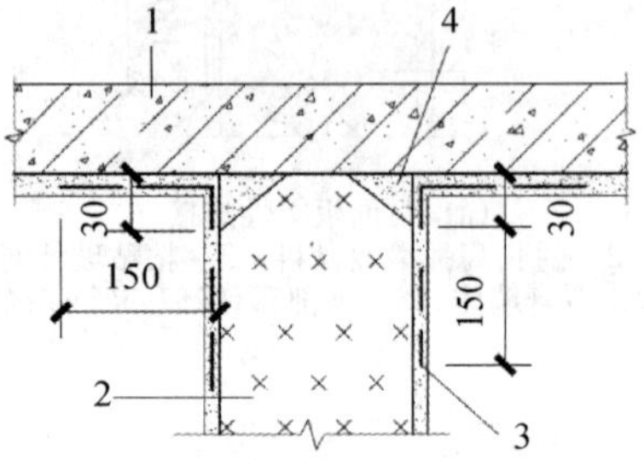

(e) 与顶板刚性连接
1—顶板；2—现浇石膏墙体；3—粘贴玻纤网格布；5—顶部预留30mm高V形企口

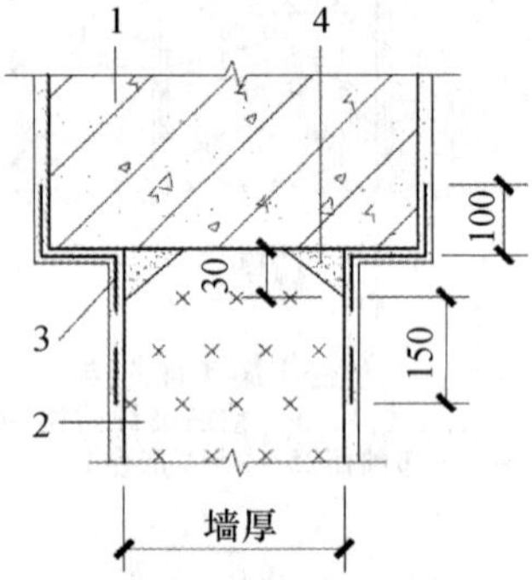

(f) 与混凝土梁刚性连接
1—混凝土梁；2—现浇石膏墙体；3—粘贴玻纤网格布；4—顶部预留30mm高V形企口

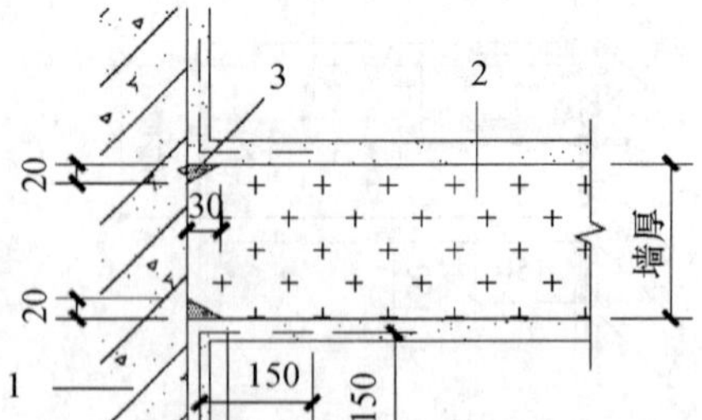

(g) 与混凝土柱或墙刚性连接
1—墙（柱）；2—现浇石膏墙体；3—两侧预留V形企口；4—粘贴玻纤网格布

图 6-13　现浇石膏墙体与主体结构连接示意

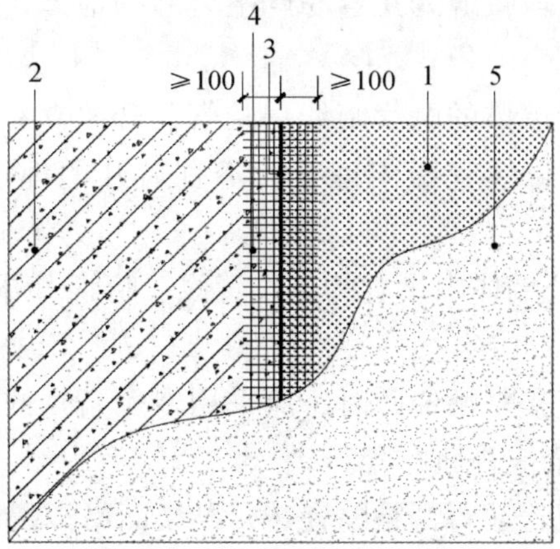

图 6-14 拼缝节点处理示意

1—现浇石膏墙体；2—混凝土墙；3—30mm 厚专用石膏嵌缝；4—玻纤网；5—涂刷腻子层

（9）现浇石膏墙体的施工缝应采用榫槽连接的方式，以防止分段接缝处开裂。隔阻角施工处宜采取同样的防裂措施（图 6-15）。

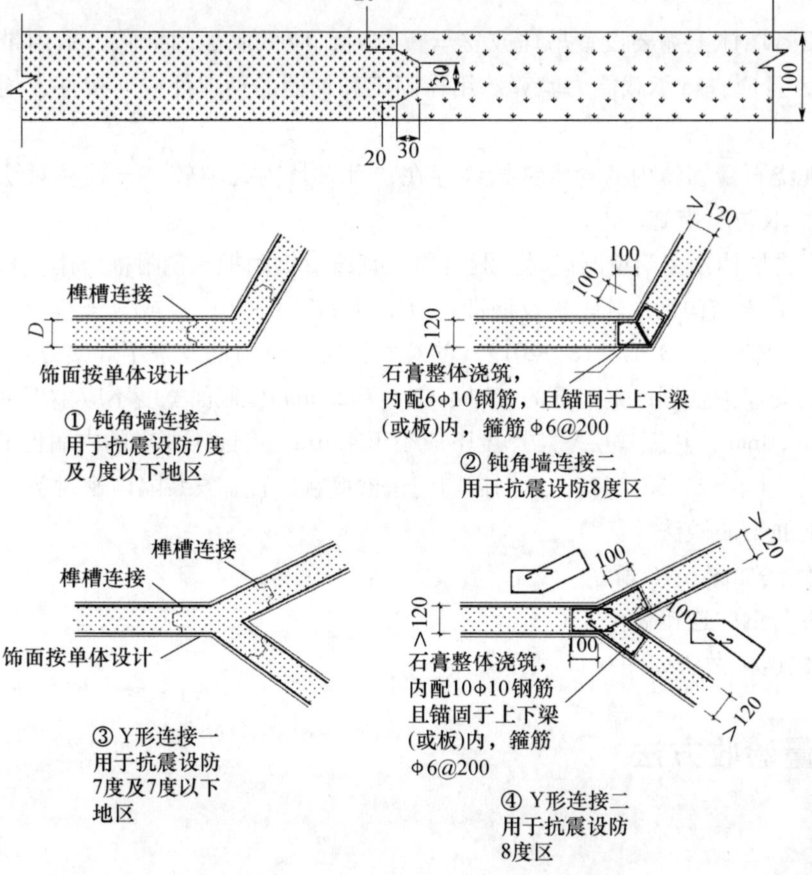

图 6-15 分段浇筑的施工缝示意

（10）现浇石膏墙体分段接缝处是容易产生裂缝的地方，应严格使用榫槽连接的方式，确保无开裂隐患。

（11）预埋在现浇石膏墙体的电气暗线、暗管、开关盒、水管等管线，宜在石膏浇筑前预先固定在模具上。管线宜竖向埋设，不宜后开槽埋设，应避免在墙体上横向剔槽。

本条的规定是为了保证墙体内设置的电气管线、暗管、开关盒、水管等不影响墙体的质量。

（12）现浇石膏墙体直接粘贴瓷砖时，应采用专用石膏或用 801 建筑胶水拌和水泥砂浆，不可用普通水泥砂浆或普通石膏。

（13）采用水泥砂浆或普通石膏粘贴瓷砖，黏结面易开裂，造成瓷砖脱落。

（14）现浇石膏墙体用于厨房，卫生间或有防潮、防水要求的环境时，应采取防潮、防水构造措施。对于附设水箱、洗手盆等设施的墙体，墙面应做防水处理，且防水高度不宜低于 1.8m。

（15）厨房、卫生间等有防水防潮要求的部位，墙体下端宜做 C20 细石混凝土条形墙垫，墙垫高度不应小于 100mm，并应做泛水处理。防潮墙垫宜采用细石混凝土现浇，不宜采用预制墙垫。

（16）现浇石膏墙体上需要设置吊挂或支承重物时，应采取加固措施，采用带穿墙螺栓的钢板固定，且应进行承载能力验算。用作固定和加固的预埋件或连接件，均应做防腐或防锈处理。

（17）由于现浇石膏墙体内的含水量始终存在，且石膏内孔隙较多，较易对铁件构成腐蚀，故必须采取防腐措施。

（18）现浇石膏墙体预留门窗洞口时，洞口周边宜设置钢附框。钢附框所用基材应符合现行国家标准《碳素结构钢冷轧钢板及钢带》（GB/T 11253—2019）或《连续热镀锌和锌合金镀层钢板及钢带》（GB/T 2518—2019）的有关规定。钢附框宜采用焊接方式组框，且焊缝位置应进行防腐蚀处理；钢附框的壁厚不应小于 2.0mm，截面宽度不应小于 40mm，截面厚度不应小于 20mm，热镀锌层平均厚度不应小于 45μm。有隔声要求的内墙板上开设门窗时，应采用符合隔声要求的门窗，且门窗与门窗框接触位置宜安装隔声密封条。

（19）水平配筋带的做法

水平配筋带做法如图 6-16 所示。

（20）配筋带与钢柱连接做法

配筋带与钢柱连接做法如图 6-17 所示。

6.5.13 质量验收方法

1. 外观质量

在光照明亮的情况下，对受测墙，视距 0.5m 左右，进行自测检查并用分度值为 1mm 的钢直尺测量板面墙面裂缝、外形缺陷、外表缺陷尺寸，记录表面质量缺陷情况。

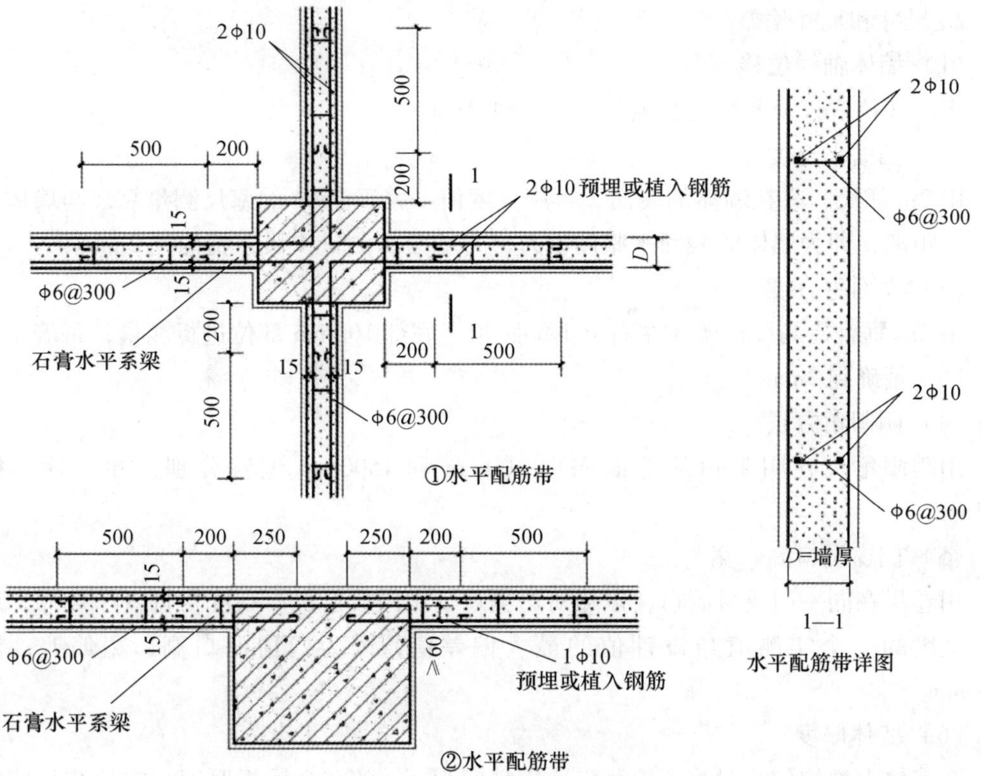

图 6-16 水平配筋带做法

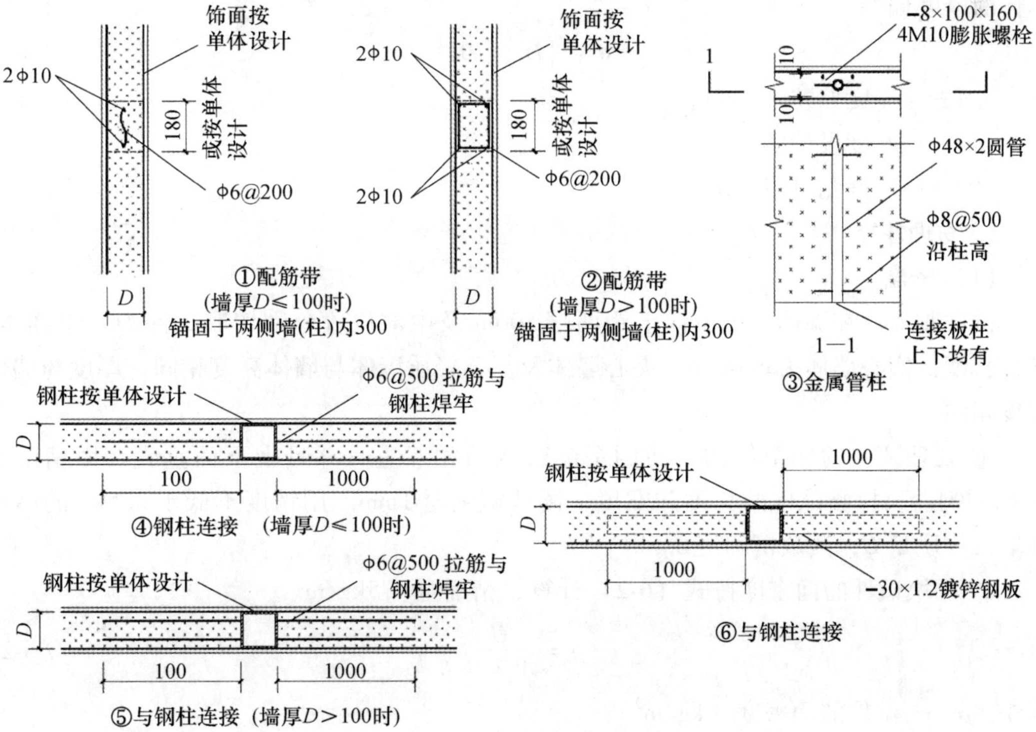

图 6-17 配筋带与钢柱连接做法

2. 尺寸和尺寸偏差

（1）墙体轴线位移

用经纬仪或拉线和尺进行测量，精确到2mm。

（2）表面平整度

用2m靠尺，靠在墙体的表面，再用分度值不大于1mm的塞尺测量靠尺与墙体表面的最大距离，即为墙体的表面平整度偏差。每墙至少测量4尺，精确到2mm。

（3）立面垂直度

用2m垂直检测尺在墙体左右上下端距顶、底部100mm部位进行测量，每墙至少测量3尺，精确到2mm。

（4）阴阳角方正

用阴阳角尺在阴阳角从地面向上300mm和1500mm位置分别测量一次，精确到2mm。

（5）门窗洞口高、宽

用卷尺在同一门或窗洞口，以边对边测量2次门或窗洞口高度及宽度净尺寸，取高度或宽度的2个实测值与设计值的最大偏差值，即为门窗洞口高、宽偏差，精确到2mm。

（6）墙体厚度

在墙体上面均匀布置6个检测点，用精度为mm的非金属板厚度测定仪测量墙体厚度，记录测量数据。取6个测量数据的算术平均值为厚度检测结果并用式（6-1）计算墙体的厚度偏差。

$$d = |D_1 - D_2| \quad (6\text{-}1)$$

式中 d——厚度偏差（mm）；

D_1——厚度设计值（mm）；

D_2——厚度测量值（mm）。

3. 物理性能

（1）密度

试件制取：在墙体长度方向上距两端500m及中部位置分别切取3件为一组样本。试件长度：实心墙体为600mm，夹心墙体及复合轻质墙体与墙体高度相同，厚度与墙体厚度相同。

① 处理试件的四个侧边，使四个侧边两两相互垂直并且上下面垂直。用精度为1mm的钢卷尺拉测试件的长度和宽度，读数精确至1mm。用精度不低于0.5kg的磅秤称取试件质量G，读数精确至0.5kg。

② 每块试件的面密度按式（6-2）计算，精确至0.5kg/m。

$$\rho = \frac{G}{A \times B} \quad (6\text{-}2)$$

式中 ρ——试件的面密度（kg/m^2）；

G——试件的质量（kg）；

A——试件的长度（m）；

B——试件的宽度（m）。

（2）含水率

① 试件制取：用直径 20mm 的开孔器在墙左、右、上、下端及正中处距顶、底部 500mm 部位分别钻取 6 件试件为一组，试件厚度与墙体厚度相同。试件试验地点如远离取样处，则在取样后立即用塑料套袋包装密封。

② 试件取样后立即称取其质量 m_1，精确至 0.01kg。如试件为用塑料袋封装运至，则在开封前先将试件连同包装袋一起称量，然后称量包装袋的质量，称前应观察袋内是否出现由试件析出的水珠，如有水珠，应将水珠擦干。计算两次称量所得质量的差值，作为试件取样时的质量，精确至 0.01kg。

③ 将试件送入电热鼓风干燥箱内（试件烘干温度为 50℃），干燥 24h，此后每隔 2h 称量一次，直至前后两次称量值之差不超过后一次称量值的 0.2% 为止。

④ 试件在电热鼓风干燥箱内冷却至与室温之差不超过 20℃时取出，立即称量其绝干质量 m_0，精确至 0.01kg。每个试件的含水率按式（6-3）计算，精确至 0.1%。

$$W_1 = \frac{m_1 - m_0}{m_0} \times 100\% \tag{6-3}$$

式中 W_1——试件的含水率（%）；

m_1——试件的取样质量（kg）；

m_0——试件的绝干质量（kg）。

⑤ 墙体的含水率 W_1 以 6 个试件含水率的算术平均值表示，精确至 0.1%。

（3）抗冲击性能

① 试验墙体水平方向两端与剪力墙或柱连接，采用 2m×0.6m 试件进行冲击试验。

② 将装有 30kg、粒径 2mm 以下细砂的标准砂袋，用直径 10mm 左右的绳子固定在其安装中心距墙面 100mm 的吊环螺栓的吊环上，使砂袋悬垂状态时的重心位于 $H/2$ 高度处。

③ 以绳长为半径沿圆弧将砂袋在与墙面垂直的平面拉开，使重心提高 500mm（标尺测量）然后自由摆动下落，冲击设定位置，反复 5 次。

④ 目测墙体两面有无贯通裂缝，记录试验结果。

（4）强度

① 抗压强度

a. 试件制取：用直径 20mm 的开孔器在墙体左、右、上、下端及正中处距顶、底部 500mm 部位分别钻取 6 件，厚度与墙体厚度相同，分别将其切割为长 100mm、宽 100mm 的单元体试件（对于夹心墙体，长度包括一个与其中一个外边平行的完整填块及两面完整石膏实心墙面的单元体试件）。

b. 采用《砌墙砖抗压强度试验用净浆材料》（GB/T 25183—2010）规定的净浆材料处理试件的上表面和下表面，使之成为相互平行且与试件孔洞圆柱轴线垂直的平面，并用水平尺调至水平。

c. 制成的抹面试样置于不低于10℃的不通风室内养护72h，用钢直尺分别测量每个试件受压面的长、宽方向中间位置尺寸各两个，分别取其平均值，修约至1mm。

d. 将试件置于试验机承压板，使试件的轴线与试验机承压板的压力中心重合，以0.05Pa/s～0.10MPa/s的速度加荷，直至试件破坏。记录最大破坏荷载。

e. 每个试件的抗压强度按式（6-4）计算，修约至0.1MPa。

$$R = \frac{P}{l \times b} \tag{6-4}$$

式中 R——试件的抗压强度（MPa）；

P——破坏荷载（N）；

l——试件受压面的长度（mm）；

b——试件受压面的宽度（mm）。

② 绝干抗折强度

称取（1500±1）g，首先测定试样的初始流动度用水量，然后按初始流动度用水量加水制备料浆，将料浆灌入预涂有一层脱模剂的强度试模［应符合《水泥胶砂试模》（JC/T 726—2005）的要求］，当从溢出的料浆判定已经初凝时，用刮平刀刮平溢浆，终凝后，在试件表面做上标记并脱模，将试件移至烘箱烘干至恒重（烘干温度为40℃±2℃），烘干后的试件应在标准试验条件［应符合《建筑石膏 一般试验条件》（GB/T 17669.1—1999）的规定］下冷却至室温，按《建筑石膏 力学性能测定》（GB/T 17669.3—1999）第5章的规定进行绝干抗折强度的测定。

③ 绝干抗压强度

用抗折试验后的试件按《建筑石膏 力学性能测定》（GB/T 17669.3—1999）第6章的规定进行绝干抗压强度测定，其中承压面积为40mm×40mm。每个试件的抗压强度按式（6-5）计算，修约至0.1MPa。

$$R_C = \frac{P_C}{1600} \tag{6-5}$$

式中 R_C——抗压强度（MPa）；

P_C——破坏荷载（N）。

抗压强度以3个试件抗压强度的算术平均值表示，修约至0.1MPa。

（5）收缩率

按《石膏基自流平砂浆》（JC/T 1023—2021）第6.8节的规定进行。

（6）耐火极限

按《建筑构件耐火试验方法 第1部分：通用要求》（GB/T 9978.1—2008）、《建筑构件耐火试验方法 第8部分：非承重垂直分隔构件的特殊要求》（GB/T 9978.8—2008）的规定进行。

（7）空气声计权隔声量

按《声学 建筑和建筑构件隔声测量 第3部分：建筑构件空气声隔声的实验室测量》（GB/T 19889.3—2005）的规定进行。

（8）燃烧性能

按《建筑材料及制品燃烧性能分级》（GB 8624—2012）的规定进行。

6.5.14 验收标准

（1）原材料应符合要求。检验方法：查验产品合格证、检验报告和进场验收记录。

（2）门窗洞过梁、水平系梁的设置应符合设计要求。检验方法：观察、测量，检查隐蔽工程验收记录。

（3）墙体分段浇筑连接处连接方法符合要求。检验方法：观察，手扳检查，检查施工记录。

（4）墙体的抗压强度应符合设计要求，检验方法：核对质保文件和有关检测机构检测文件。

（5）装配石膏浇筑墙应垂直、平整、位置正确、转角规正、无缺损凹凸开裂等缺陷。

（6）墙上开的洞孔、槽、盒宜位置正确，边缘整齐。

（7）装配石膏浇筑墙的允许偏差符合表6-9的规定。

表6-9 装配石膏浇筑墙允许偏差

编号	项目	允许偏差（mm）	检查方法
1	轴线	4	控线用钢尺测量
2	表面平整度	4	用2m靠尺和塞尺检查
3	立面垂直度	4	用2m托线板或经纬仪或2m直尺
4	接缝高差	2	直尺和塞尺
5	阴阳角方正	4	用200mm方尺、特殊角尺，塞尺检查
6	门窗洞中心	5	用钢尺量
7	门窗洞口尺寸	5	用钢尺量
8	阴阳角垂直度	5	用2m直尺或托线板

（8）装配石膏浇筑墙施工质量不符合验收要求时，应按下列规定进行处理：

① 经返工整修的检验批，应重新进行验收。

② 经部分返修后，能满足使用要求的工程，可按技术方案和协商文件进行验收。经整修后，重新验收仍不满足要求的工程，不得进行验收。

6.5.15 石膏现浇墙的应用

石膏现浇墙的应用如图 6-18 所示。

(a) 高层内隔墙

(b) 厂房隔墙

(c) 超高墙体

(d) 曲线（弧形）墙

(e) 蒙古包

(f) 水泵房

(g) 养殖场

(h) 蔬菜大棚

(i) 与轻钢结构结合浇筑房屋

(j) 与重钢结构结合浇筑房屋

(k) 模块建筑

(l) 别墅

图 6-18 石膏现浇墙的应用

6.6
结论和存在的问题

尽管工业副产石膏行业发展速度快、发展潜力大，但行业发展中也存在很多问题。如行业整体发展不平衡，局部产能过剩；总体装备水平低，产品质量差，生产能耗高；行业内企业数量多、规模小，低价竞争现象普遍，高附加值产品不足，行业存在小散乱的现象，面临结构调整、产业升级的迫切需求。

7

商品砂浆实验室管理要点

近年来，石膏砂浆厂家日益增多，由于未能规范化管理，产品质量控制工作不力，造成一些工程质量问题。企业实验室作为企业的技术部门和质量控制部门，对产品的质量控制起着决定性的作用。

企业实验室除了完成日常的试验检测、资料整理、报告签发等任务外，还需对产品的生产、施工全过程进行控制；需要参与原材料的选择，进厂验收，生产配合比的选定、调整等；还包括施工现场的技术沟通，对施工、养护情况的建议，对工程质量问题的调查分析等。可以说实验室对内和每个部门都有联系，贯穿整个生产活动；对外是商品砂浆企业的技术交流和质量管理的代表。所以加强商品砂浆企业实验室的管理，对促进商品砂浆企业产品质量的提高、保证建筑工程的质量安全具有十分重要的意义。

7.1
实验室的管理控制

实验室作为商品砂浆企业的质量控制部门，首先须完成的是企业的试验检测工作，同时根据检测结果向施工单位提供相关质量检测数据，作为本企业商品砂浆质量合格的依据，满足工程验收的要求。所以实验室必须获得企业的授权委托，保证检测工作的独立运行，不受其他经济、社会因素的干扰，保证其试验数据的真实和公正性，同时应符合企业相应资质的要求，并接受建设监督管理部门的监督，且不得对外承揽检测任务。企业实验室作为企业的质量控制部门，负责产品的质量和成本控制。实验室的质量控制工作，可以用三句话来概括，即不进不良品、不产不良品、不出不良品。也就是说实验室的质量控制工作贯穿整个生产活动。实验室管理的严松及工作流程的顺畅与否与企业的效益好坏密不可分。只有对实验室进行有效、科学、规范的管理，才能达到保证混凝土产品质量、降低生产成本、提高企业效益的目的。

7.2 实验室的基本要求

7.2.1 检测仪器和设备的配备

设备的配备，应结合检测工作的实际需要来配置，对于使用频繁和生产关系较紧密的试验设备，必须配备（如拉拔仪、养护箱、水泥的净浆搅拌机、胶砂搅拌机、振实台、压力机等）。对于一些检测效率不高的项目，如抗压折强度、粉煤灰的游离氧化钙等，可以考虑委托其他实验室进行试验。企业实验室做的更多的是试验产品的物理性能（如导热性能、抗渗、收缩等）的工作，因而一些比较专业且要求试验精度较高的化学分析试验（如氯离子、碱活性等），可以考虑委托其他实验室进行。这样既可保证试验结果的准确性（因为试验员的培训也是集中于物理性能方面的试验，很少有专门的化学分析试验相关人员），也可以降低实验室设备购置、鉴定、保养的成本。总之，实验室应根据自身情况来合理配备仪器设备。

7.2.2 设备的管理

1. 设备的布置和使用

设备的布置应结合实验室的整体布置。如水泥试验相关仪器，应集中于水泥室，以方便试验；对于环境要求较高的精密仪器的放置，应远离振动和噪声较大的仪器，并避免无关人员接触；对于高温的仪器（如烘箱、沸煮箱、高温炉等）应考虑其通风散热且注意对其他设备的影响；对于需要经常使用和清洗的设备，如搅拌机，应靠近水源，并应有沉淀收集池。仪器设备的使用应由专人操作。操作人员应熟悉设备的操作方法、适用范围等，仪器设备的使用方法应放置在明显位置，对于仪器设备的使用，应做好记录。在试验过程中发生的异常情况要及时处理。一些需要常开的设备（如养护室、养护箱等），应每天记录其工作状态，并及时补水，避免设备空转烧坏。

2. 设备的检定

维护设备本身的准确度直接影响试验数据的准确性，只有严格按照周期由相关技术监督部门对设备进行检定，才能保证设备的准确度和精确度，从而保证检测工作的质量。仪器设备的检定周期有相关规定，在此就不详述了。需要注意的一点是，除了对仪器设备的检定外，一些工具也需要检定，如量筒、直尺、温度计等，有时候往往因为细节的疏忽造成检测工作的失误。试模的垂直度、平整度等的自检也很重要，因为这些也直接影响检测工作的准确性。设备的日常维护应遵循“谁使用谁维护”的原则。同时应制订保养计划，定期对设备进行保养，一般应在年底对设备进行集中保养。并可由企业相关部门的机修人员来协助完成。通过维护和保养来提高设备的使用寿命。

7.3 实验室人员

1. 人员配备

鉴于企业实验室的特殊性，人员的配备既要求满足检测工作的需要，还必须满足企业连续生产的需要。所以一般实验室的人员分为试验员和质检员两部分。试验人员的配备应满足建设行政主管部门的要求，一般来说，二级资质企业实验室，试验员不少于 8 人，三级企业实验室，试验员不少于 5 人。质检员可以由试验员兼任或设置专门的质检人员，无论采取哪种方法，都应满足连续生产的需要。

2. 人员的素质

实验室主任应具有相关专业中级以上职称，二级企业具有 5 年以上（三级企业应具有 3 年以上）从事建材检测，工程检测、生产的工作经历。试验员应经过相关培训，并持证上岗。专职质检员应经过企业培训，并掌握基础知识。

3. 人员的分工

实验室人员的分工应遵循“一专多能”的原则，即每个岗位都要有专人负责，同时其他人员也应熟悉该岗位的工作流程和操作规程。实验室的具体岗位有主任、试验员、资料员、样品保管员、设备管理员等。试验员的分工应保证每一检测项目有专人负责。在力所能及的情况下，可以安排一人负责多项检测项目。可以由负责该检测项目的试验员负责相应的设备、样品的管理。资料的汇总和发放、留存应由专人负责。

7.4 人员的培训、考核

作为核心技术部门，试验员的技术能力和综合素质对产品的质量控制影响重大，所以除了在招聘时注意人员素质外，还应对其持续培训和考核。培训考核的内容如下：

（1）加强对质量意识的培训。在建厂初期，往往都对质量特别重视，但是随着时间的推移，原料逐渐稳定，生产控制过程越来越程式化，人的惰性和侥幸的心理逐渐滋生，在质量控制的某些环节上可能比较放松，从而给产品质量留下隐患。这就要求我们必须随时注意加强质量意识的培训教育，还可以结合一些质量事故展开分析讨论，找出其发生的原因，从而避免出现类似的问题。

（2）开展技术质量分析会议，了解新知识、新材料、新技术，提高试验人员的创新和技术攻关能力。

（3）组织试验员参加新标准、新规范的学习。近年来，相关标准的更新速度较快，须关注相关动态，及时收集资料，组织学习。

（4）对现场沟通及处理问题能力的培养。作为质量控制的全过程，现场交货也是个重要环节，作为公司的技术员，必须做好与现场的技术沟通，同时提高处置现场问题的能力。

（5）人员的安全培训。实验室的设备较多，应特别注意防止触电、机械伤害等。在搬运放置试块时，要注意防止掉落砸伤。在施工现场要戴安全帽，注意观察周围情况，保证人身安全。

（6）人员的考核。除了对试验员的知识、技能等进行考核外，更主要的是对其责任心和工作态度的考核，对于不能安心在实验室工作的要及早清退。

7.4

人员的培训、考核

8

工业副产石膏分析仪器简述

工业副产石膏由于其形成的特殊性，大部分工业副产石膏主要应用于水泥缓凝剂和煅烧后作为建筑材料来利用。不同的应用需求带来的质量要求也不相同，稳定的质量才能保证后续制品的加工和应用的连续稳定性，才能得到高性能的稳定产品。以下就对工业副产石膏相关的检测仪器进行简单的描述。

为保证测试数据的精准性，试验环境、样品及仪器设备等，应符合《建筑石膏　一般试验条件》（GB/T 17669.1—1999）的要求。

（1）试验环境。实验室温度应为（20±5）℃，试验仪器、设备及材料（试样、水）的温度应为室温。空气相对湿度为65%±5%。

（2）样品处理。实验室样品应保存在密闭的容器中。

（3）用水标准。分析试验用水应为去离子水或蒸馏水，物理力学性能试验用水应为洁净的城市生活用水。

（4）基本要求。拌和用的容器和制备试件用的模具应能防漏，因此应使用不与硫酸钙反应的防水材料（如玻璃、铜、不锈钢、硬质钢等，不包括塑料）制成。

由于二水硫酸钙颗粒的存在能形成晶核，对建筑石膏的性能有极大影响，所以全部试验用容器、设备都应保持十分清洁，尤其应清除已凝固的石膏。

要保证石膏制品的质量，必须要严格控制原材料的质量。原材料就是没有经过煅烧的石膏，常被称为生石膏。生石膏以含水率、附着水、结晶水、纯度、pH 酸碱度、氯离子等为主要检测项目。

8.1 水分测定仪

1. 仪器信息

型号：CS-002 GL 型；品牌：深圳冠亚。

2. 适用范围

膏状试样含水量的测定——干燥差减法；

附着水的测定——干燥差减法。

3. 测试原理

依据《石膏化学分析方法》（GB/T 5484—2012）第 8 章，试样在（45 ± 3）℃下烘干所失去的水分为原理。

4. 样品制备

样品不少于200g，将试样混匀后，用防止水分蒸发的容器盛装，密封保存，用于膏状试样含水量的测定。

5. 试验步骤

开机后选择“水分/固含量”测试模式，将试样测试温度设置为45℃，恒重结束测试时间设置为60s。打开测试仓加热罩，放入试样称量盘，置零。取约5g试样置于称量盘中，均匀平铺，盖好加热罩，质量稳定后，单击测试按钮。仪器开始测量，此时试样受热，水分蒸发，质量丢失后试样减轻。当试样水分完全蒸发后，试样质量恒重，仪器自动停止测试，石膏试样中的含水量、固含量以质量百分比（%）显示。

此快速分析方法具有操作便捷、测试时间短、能耗低等特点，已经被广泛应用于石膏企业质量检测中。

8.2
石膏相组成分析仪

1. 仪器信息

型号：DF-009GL 型；品牌：深圳冠亚。

2. 适用范围

膏状试样含水量的测定——干燥差减法；

附着水的测定——干燥差减法；

结晶水的测定——干燥差减法；

石膏品位（纯度）的测定——结晶水法；

建筑石膏相组成的测定——干燥差减法。

3. 样品制备

样品不少于200g，将试样混匀后，用防止水分蒸发的容器盛装，密封保存，用于膏状试样含水量的测定。

4. 石膏附着水、结晶水、品位（纯度）的检测

石膏纯度也被称为石膏品位，是指石膏中二水硫酸钙的含量。石膏纯度是保证后续石膏制品质量的决定性因素，通过快速水分检测仪快速检测结晶水含量，是一种快速测定石膏纯度的方法。在国家标准《石膏化学分析方法》（GB/T 5484—2012）中，需要先将试样在（45±3）℃下烘干使其失去附着的水分，计算出附着水含量。然后，将试样在（230±5）℃下烘干使其失去化合水分，计算出结晶水含量。而采用仪器快速分析方法，可直接将含有附着水的石膏试样置于仪器中，快速分析出附着水及结晶水含量和纯度。

（1）测试原理

依据《石膏化学分析方法》（GB/T 5484—2012）第9章，试样在（45±3）℃下烘干失去水分为原理，测定附着水含量。

依据《石膏化学分析方法》（GB/T 5484—2012）第10章，试样在（230±5）℃下烘干失去化合水分为原理，测定结晶水含量。

依据《用于水泥中的工业副产石膏》（GB/T 21371—2019）第5章，石膏品位的计算。

（2）试验步骤

开机后选择“品位”测试模式，将试样附着水测试温度设置为45℃，恒重结束测试时间设置为60s；试样结晶水测试温度设置为160℃，恒重结束测试时间设置为140s；

打开测试仓加热罩，放入试样称量盘，置零。取约5g试样置于称量盘中，均匀平铺，盖好加热罩，质量稳定后，单击“测试”按钮。仪器开始附着水含量测量，仪器升温至45℃，试样持续受热，水分蒸发，水分丢失后质量减轻。当试样水分完全蒸发后，试样质量恒重，显示附着水含量（%），测试停止。此时仪器自动开启结晶水含量测量，仪器升温至160℃，试样持续受热，当试样水分完全蒸发后，试样质量恒重，显示结晶水含量（%）。在结晶水含量测试过程中，同时显示石膏品位值（%）。仪器测试结束，测试结果显示附着水含量（%）、结晶水含量（%）、品位（纯度）（%）。

品位（纯度）值是由测定出的结晶水（%）乘以4.78得出。此方法对比测试三氧化硫（SO_3）含量计算石膏品位（纯度）的方法，由于操作简单、无须试剂耗材、测试速度快等优点，已被企业广泛采用。

5. 建筑石膏相组成的测定

《建筑石膏相组成分析方法》（GB/T 36141—2018）中，建筑石膏相组成分析方法有烘箱法和水分测定仪法。石膏相组成分析仪是在水分测定仪法的基础上进行优化改进的产品，对比烘箱法和水分测定仪法，具有操作简单、无须人工计算、测试速度快等优点，已经在企业中广泛应用。

（1）测试原理

依据《建筑石膏相组成分析方法》（GB/T 36141—2018）第3章的原理。

（2）取样及试样制备

试验用样品采用四分法快速取样，取样量约150g，装入已烘干的磨口瓶，紧密盖严，放入干燥器，放置24h后立即进行试验。试验时每次称量时间控制在2min以内，剩余样品盖好后立即放回干燥器内。

（3）试剂和材料

分析过程中用水应符合《分析实验室用水规格和试验方法》（GB/T 6682—2008）中三级或三级以上水的要求；乙醇溶液应为浓度为95%的分析纯试剂。

（4）试验步骤

开机后选择测试模式“三相”，设置无水AⅢ、半水、二水相对应的测试温度及恒重时间，保存设置，进入“下一步”。

半水相取样：根据设备界面文字提示：放入承重支架、称量盘，置零；称取约5g试样，记录初始质量；加入约5mL蒸馏水，均匀浸润；点击“倒计时”，仪器自动进行2h水化倒计时。

无水AⅢ相取样：根据设备界面文字提示：放入承重支架、称量盘，置零；称取约5g试样，记录初始质量；加入约5mL乙醇，均匀浸润；点击“倒计时”，仪器自动进行10min水化倒计时。

无水AⅢ相测定：水化时间结束后，点击“开始测试”；测定完成后，仪器自动结束，显示无水AⅢ相结果；点击“下一步”，进入二水相测定。

二水相测定：根据设备界面文字提示：放入承重支架、称量盘，置零；称取约5g

试样，平铺均匀；合上加热罩，质量稳定后，点击“测试”；测定完成后，仪器自动结束；点击“下一步”，进入半水相测定。

半水相测定：根据设备界面文字提示：水化时间结束后，进入半水相测定；测定完成后，仪器自动结束，显示建筑石膏粉无水 AⅢ、半水相、二水相结果。

此方法可在 3h 内测定出建筑石膏粉相组成结果。

8.3 酸碱度 pH 计

1. 仪器信息

型号：GYP-001；品牌：深圳冠亚。

2. 适用范围

工业副产物石膏 pH 测定；

建筑石膏粉 pH 测定。

3. 测试原理

依据《石膏化学分析方法》（GB/T 5484—2012），试样用水分散，溶液温度控制在 (25.0 ± 3.0)°C，过滤后用离子选择电极测定溶液的 pH。

4. 样品制备

称取 10g 试样，精确至 0.01g，置于 250mL 的干燥锥形瓶，加入 200mL 无二氧化碳的水及一根磁力搅拌棒，盖上瓶塞，放在磁力搅拌器上，控制溶液温度在（25.0 ± 3.0)℃，搅拌 30min 后，静置沉淀 30min，用干燥的快速滤纸过滤（不要洗涤），滤液收集于干燥的玻璃容器中密封保存。

5. 试验步骤

按照仪器的使用规程，分别用磷酸盐 pH 标准缓冲溶液和硼酸盐 pH 标准缓冲溶液或苯二甲酸氢钾 pH 标准缓冲溶液校准酸度计。测定的 pH > 7 时，用磷酸盐 pH 标准缓冲溶液和硼酸盐 pH 标准缓冲溶液校准；测定的 pH ≤ 7 时，用磷酸盐 pH 标准缓冲溶液和苯二甲酸氢钾 pH 标准缓冲溶液校准。

将适量的试样提取溶液置于 50mL 干燥的烧杯中，控制溶液温度在（25.0 ± 3.0)℃，可以使用恒温水浴控制溶液的温度。

用校准好的酸度计测定 pH。将电极插入溶液中，搅拌 1min，待数稳定后读取 pH。

目前酸碱度 pH 计的技术已经比较成熟，在测定 pH 的试验中已经广泛应用。

8.4

氯离子测定仪

1. 仪器信息

品牌：常规市售。

2. 适用范围

工业副产物石膏氯离子含量的测定；

建筑石膏粉氯离子含量的测定。

3. 测试原理

依据《石膏化学分析方法》（GB/T 5484—2012）第38章，用电位滴定法，以氯电极作为指示电极、饱和氯化钾甘汞电极作为参比电极，以硝酸银为滴定剂，在滴定过程中，氯离子和银离子的浓度发生变化，指示电极的电位随着变化。在化学计量点前后，指示电极的电位急剧变化，用二次微商法计算或氯离子电位滴定装置自动计算出化学计量点。

4. 样品制备

样品不少于200g，将试样混匀后，密封保存，用于石膏试样氯离子含量的测定。

5. 试验步骤

（1）试验准备

① 溶液配制。

② 电极活化。

③ 滴定管清洗。

（2）石膏试验——硝酸银（$AgNO_3$）溶液标定

① 将配制好的硝酸银标准溶液（0.02mol/L）放入棕色瓶，然后将吸液管接入棕色瓶。

② 吸取10.00mL氯离子标准溶液（0.02mol/L）放入200mL烧杯中，加入2mL硝酸（1+1），用去离子水稀释至150mL，放入一根磁力搅拌棒。将烧杯放在磁力搅拌器上。

③ 主画面中：石膏测量－$AgNO_3$浓度标定，将电极浸入被测溶液中，打开搅拌开关。

④ $AgNO_3$浓度标定画面中：点“浓度测量”，仪器自动进行滴定，自动计算试验结果，测量完成后数据自动保存，点“打印”可打印测试结果。

⑤ 使用去离子水对电极进行清洗，清洗完毕，擦干，电极悬挂于电极架中。

（3）石膏试验 - 空白试验

① 标定完 $AgNO_3$ 溶液后。进行空白滴定测试。

② 更换一个干净烧杯，吸取 2.00mL 氯离子标准溶液（0.02mol/L）放入 200mL 烧杯中，用去离子水稀释至 100mL，加入 2mL 硝酸（1 + 1）和 2mL 过氧化氢溶液，盖上表面皿，加热煮沸，微沸 1 ~ 2min，冷却至室温。

③ 用水冲洗表面皿，将磁力搅拌棒放入烧杯中，将烧杯放在仪器工作台上，将电极浸入被测溶液中。

④ 返回主画面：石膏测量 - 空白试验。在“空白试验”界面：点击“测量”，等待屏幕显示测量完成。

⑤ 测量完成后数据自动保存，点“打印”可打印测试结果。

⑥ 使用去离子水对电极进行清洗，清洗完毕，擦干，电极悬挂于电极架中。

（4）石膏试验 - 样品测试

① $AgNO_3$ 浓度标定和空白试验都进行之后，方可进行样品测试试验。

② 称取约 5g 试样，精确到 0.0001g，置于 200mL 干烧杯中，加入 20mL 水，搅拌使样品完全分散，在搅拌下加入 25mL 硝酸（1 + 1），加水稀释至 100mL。在搅拌下加入 2mL 氯离子标准溶液和 2mL 过氧化氢溶液，盖上表面皿，加热煮沸，微沸 1 ~ 2min，冷却至室温，用水冲洗表面皿。

③ 将装有待测石膏溶液的烧杯置于仪器工作台上，将电极浸入被测溶液中。

④ 返回主画面：石膏测量 - 氯离子测量，并输入样品质量，点击“搅拌”，点击“测量”，等待屏幕显示测量完成。

⑤ 测量完成后数据自动保存，点“打印”可打印测试结果。

⑥ 使用去离子水对电极进行清洗，清洗完毕，擦干，电极悬挂于电极架中。

8.5 白度仪

1. 仪器信息

型号：GY-WSBY；品牌：深圳冠亚。

2. 适用范围

工业副产物石膏白度值测定；

建筑石膏粉白度值测定。

3. 测试标准

由于工业副产物石膏多用于建筑石膏来用，暂无相关标准要求，但是作为面层抹灰，有些企业做白度检测。

4. 样品制备

将石膏样品盛放在粉末成型器中，用表面干净光洁的玻璃板将样品表面压平。保证样品之间有相近似的密度和表面平整度。

5. 试验步骤

（1）接通电源，显示器从 120.0 开始倒计时，2min 后显示标准白板背面的标准值。

（2）将黑筒放入试样口，按校零，3s 后显示 0.0。

（3）取下黑筒，将工作白板放入试样口，按校准，3s 后显示工作白板的白度值。

（4）将用粉末成型器制备好的石膏样品放入试样口，按测试键 3s 后显示白度值。

8.6
石膏稠度仪

1. 仪器信息

型号：CHD-50 型，品牌：常规市售。

2. 适用范围

建筑石膏粉稠度值的测定；

标准稠度用水量的测定。

3. 测试标准

依据《建筑石膏　净浆物理性能的测定》（GB/T 17669.4—1999）中第 6 章“标准稠度用水量的测定”。

4. 样品制备

样品不少于 300g，将试样混匀后，密封保存，用于石膏标准稠度用水量的测定。

5. 试验步骤

（1）先将稠度仪的筒体内部及玻璃板擦净，并保持湿润，垂直放置于玻璃板上。

（2）将估计的标准稠度用水量的水倒入搅拌碗中，称取石膏试样 300g 在 5s 内倒入水中。

（3）用拌和棒搅拌 30s，得到均匀的石膏浆，然后边搅拌边迅速注入稠度仪筒体，用刮刀刮去溢浆，使浆面与筒体上端面齐平。

（4）从石膏试样与水接触开始至 50s 时，开动仪器提升按钮。待筒体提升后，测定料浆扩展成的试饼两垂直方向上的直径，计算其算术平均值。

（5）记录料浆扩展直径等于（180 ± 5）mm 时的加水量，计算该加水量与石膏试样质量之比，以百分数表示。

取两次测定结果的平均值作为该石膏试样标准稠度用水量，精确至 1%。

8.7
维卡仪

1. 仪器信息

品牌：常规市售。

2. 适用范围

建筑石膏粉初凝时间、终凝时间的测定。

3. 测试标准

依据《建筑石膏　净浆物理性能的测定》（GB/T 17669.4—1999）中第7章“凝结时间的测定”。

4. 样品制备

样品不少于200g，将试样混匀后，密封保存，用于石膏凝结时间的测定。

5. 试验步骤

（1）按标准稠度用水量称量水，并把水倒入搅拌碗中。称取石膏试样200g，在5s内倒入水中。

（2）用拌和棒搅拌30s，得到均匀的料浆，倒入环模。然后将玻璃底板抬高约10mm，上下振动5次，用刮刀刮去溢浆，使料浆与环模上端齐平。

（3）将装满料浆的环模连同玻璃底板放在仪器的钢针下，使针尖与料浆的表面接触，且离开环模边缘大于10mm。迅速放松杆上的固定螺钉，针即自由插入料浆。

（4）每隔30s重复一次，每次都应改变插点，并将针擦净、校直。

（5）记录从石膏试样与水接触开始至钢针第一次碰不到玻璃底板所经历的时间，即为石膏试样的初凝时间。

（6）记录从石膏试样与水接触开始至钢针第一次插入料浆的深度不大于1mm所经历的时间，即为石膏试样的终凝时间。

取两次测定结果的平均值，作为该石膏试样的初凝时间和终凝时间，精确至1min。

8.8
自动抗折试验机

1. 仪器信息

品牌：常规市售。

2. 适用范围

建筑石膏抗折强度的测定。

3. 测试标准

依据《建筑石膏 力学性能的测定》(GB/T 17669.3—1999) 中第 5 章“抗折强度的测定”。

4. 样品制备

一次调和制备的建筑石膏量，应能填满制作 3 个试件的试模，并将损耗计算在内，所需料浆的体积为 950mL，采用标准稠度用水量，计算出建筑石膏用量和加水量。

在试模内侧薄薄地涂上一层矿物油，并使连接缝封闭，以防料浆流失。

先把所需加水量的水倒入搅拌容器，再把已称量的建筑石膏倒入其中，静置 1min，然后用拌和棒在 30s 内搅拌 30 圈。接着，以 3r/min 的速度搅拌，使料浆保持悬浮状态，然后用勺子搅拌至料浆开始稠化（即当料浆从勺子上慢慢落到浆体表面刚能形成一个圆锥为止）。

一边慢慢搅拌、一边把料浆舀入试模。将试模的前端抬起约 10mm，再使之落下，如此重复 5 次以排除气泡。

当从溢出的料浆判断已经初凝时，用刮平刀刮去溢浆，但不必反复刮抹表面。终凝后，在试件表面做上标记，并拆模。

遇水后 2h 就将做力学性能试验的试件脱模后存放在实验室环境中。

到达规定龄期后，用于测定湿强度的试件应立即进行强度测定。

用于测定干强度的试件先在 (40±4)℃的烘箱中干燥至恒重，然后迅速进行强度测定。

每一类存放龄期的试件至少应保存 3 条，用于抗折强度的测定。做完抗折强度测定后得到的不同试件上的 3 块半截试件用于抗压强度的测定，另外 3 块半截试件用于石膏硬度的测定。

5. 试验步骤

试验用试件 3 条。

将试件置于抗折试验机的两根支撑辊上，试件的成型面应侧立。试件各棱边与各辊保持垂直，并使加荷辊与两根支撑辊保持等距。开动抗折试验机后逐渐增加荷载，最终使试件断裂。

仪器自动计算出抗折强度，记录试件的断裂荷载值或抗折强度值。

8.9
抗压试验机

1. 仪器信息

品牌：常规市售。

2. 适用范围

建筑石膏抗压强度的测定。

3. 测试标准

依据《建筑石膏　力学性能的测定》（GB/T 17669. 3—1999）中第6章，“抗压强度的测定”。

4. 试验步骤

对已做完抗折试验后的不同试件上的3块半截试件进行试验。

将试件成型面侧立，置于抗压夹具内，并使抗压夹具的中心处于上、下夹板的轴心上，保证上夹板球轴通过试件受压面中心。开动抗压试验机，使试件在开始加荷后20～40s内破坏。仪器自动计算出抗压强度。

8.10
石膏硬度计

石膏硬度计具有一个直径为10mm的硬质钢球，当把钢球置于试件表面的一个固定点上，能将一固定荷载垂直加到该钢球上，使钢球压入被测试件，然后静停，保持荷载，最终卸载。荷载精度2%，感量0.001mm。

1. 适用范围

建筑石膏硬度的测定。

2. 测试标准

依据《建筑石膏　力学性能的测定》（GB/T 17669.3—1999）中第7章“石膏硬度的测定”。

3. 试验步骤

对已做完抗折试验后的不同试件上的3块半截试件进行试验。在试件成型的两个纵向面（即与模具接触的侧面）上测定石膏硬度。

将试件置于硬度计上，并使钢球加载方向与待测面垂直。每个试件的侧面布置三点，各点之间的距离为试件长度的四分之一，但最外点应至少距试件边缘20mm。先施加10N荷载，然后在2s内把荷载加到200N，静置15s。移去荷载15s后，测量球痕深度。

根据球痕的深度计算出石膏的硬度。

8.11 负压筛析仪

负压筛析仪利用气流作为筛分的动力介质工作时，整个系统保持负压状态，筛网里的待测精粉末物料在旋转的喷气嘴喷出的气流作用下呈流态状，并随气流一起运动，其中粒径小于筛网孔径的细颗粒由气流带动通过筛网被抽走，而粒径大于筛网孔径的粗颗粒则留在筛网里，从而达到筛分的目的。

1. 仪器信息

型号：FYS—150B 型；品牌：常规市售。

2. 适用范围

建筑石膏细度的测定。

3. 测试标准

依据《水泥细度检验方法　筛析法》（GB/T 1345—2005）。

4. 试验步骤

（1）将负压筛置于筛析仪筛座上，检查密封性能。盖上筛盖，接通电源，检查控制系统，调节负压至 4000～6000Pa 范围内。

（2）使用 45μm 筛进行筛分时，先用天平称取试样 10g，精确至 0.01g，置于负压筛中，盖上筛盖，接通电源，开动筛析仪连续筛析 180s。在此期间，如有试样附着在筛盖上，可轻轻地敲击筛盖使试样落下。

（3）筛毕，用天平称量全部筛余物，得出筛析结果。

8.12 石膏保水率测定仪

1. 仪器信息

型号：BS—2 型；品牌：常规市售。

2. 适用范围

抹灰石膏保水率的测定。

3. 测试原理

依据《抹灰石膏》（GB/T 28627—2012）中 7. 4. 3“保水率”。

4. 样品制备

样品不少于 300g，按标准扩散度用水量拌和均匀。

5. 试验步骤

（1）按布氏漏斗的内径裁剪中速定性滤纸一张，将其铺在布氏漏斗底部，用水浸湿。

（2）将布氏漏斗放到抽滤瓶上，开动真空泵，抽滤 1min，取下布氏漏斗，用滤纸将下口残余水擦净后称量（G_1），精确至 0. 1g。

（3）采用具有标准扩散度用水量的石膏浆放入称量后的布氏漏斗内，用 T 形刮板在漏斗中垂直旋转刮平，使料浆厚度保持在（10 ± 0. 5）mm 范围内。擦净布氏漏斗内壁上的残余石膏浆，称量（G_2），精确至 0. 1g。从搅拌完毕到称量完成的时间间隔应不大于 5min。

（4）将称量后的布氏漏斗放到抽滤瓶上，开动真空泵。在 30s 之内将负压调至（53. 33 ± 0. 67）kPa，即（400 ± 5）mmHg。抽滤 20min，然后取下布氏漏斗，用滤纸将下口残余水擦净，称量（G_3），精确至 0. 1g。

（5）按标准规定的计算公式计算保水率。

8.13
拉拔仪

1. 仪器信息

型号：RK—2000A 型。

2. 适用范围

抹灰砂浆拉伸黏结强度试验、自流平拉伸黏结强度试验。

3. 测试原理

依据《建筑砂浆基本性能试验方法标准》（JGJ/T 70—2009）第 10 章“拉伸粘结强度试验”。

4. 试验步骤

（1）将试件在标准试验条件下养护好。

（2）在试件表面以及上夹具表面涂上环氧树脂等高强度胶粘剂，然后将上夹具对正位置放在胶粘剂上，并确保上夹具不歪斜，除去周围溢出的胶粘剂，继续养护 24h。

（3）测定拉伸黏结强度时，应先将钢制垫板套入基底砂浆块上，再将拉伸黏结强度夹具安装到试验机上，然后将试件置于拉伸夹具中，夹具与试验机的连接宜采用球铰活动连接，以（5 ±1）mm/min 的速度加荷至试件破坏。

（4）当破坏形式为拉伸夹具与胶粘剂破坏时，试验结果应无效。

8.14 堆积密度测定仪

1. 仪器信息

常规市售。

2. 适用范围

建筑石膏粉堆积密度的测定。

3. 测试原理

依据《建筑石膏　粉料物理性能的测定》（GB/T 17669. 5—1999）第 6 章，粉尘从漏斗口在一定高度自由落下充满量筒时，测定松装状态时量筒内单位体积粉尘的质量，即粉末的自然堆积密度。

4. 样品制备

烘干后样品不少于 500g，将试样混匀后，密封保存，用于堆积密度的测定。

5. 试验步骤

（1）称量不带套筒的测量容器，精确至 1g，然后装上套筒，放在堆积密度测定仪下方。

（2）把石膏试样倒入堆积密度测定仪中（每次倒入 100g），转动平勺，使试样通过方孔筛网，自由掉落于测量容器中。

（3）当装有延伸套筒的测量容器被试样填满时，停止加样。

（4）在避免振动的条件下，移去套筒，用直尺刮平表面，以去除多余试样，使试样表面与测量容器上缘齐平。

（5）称量测量容器和试样总质量，精确至 1g。

（6）计算堆积密度值。

8.15

智能收缩膨胀监测仪

1. 仪器信息

型号：LSP-1000S 型；品牌：莱希特。

2. 适用范围

石膏基、水泥基净浆、砂浆，自流平砂浆，灌浆料等建筑材料的收缩膨胀变化监测。

3. 测试原理

建筑材料的收缩膨胀产生的尺寸变化。

4. 试验步骤

（1）仪器开机，在计算机上登录账号，确定采集主机联网。

（2）将按标准用水量搅拌均匀的石膏试样灌入测试模槽。

（3）松开传感器开关，仪器自动采集数据。

此方法是一种全自动智能仪器，是从浇筑后开始记录收缩膨胀变化，塑形期、凝固期、干燥期全过程的收缩膨胀尺寸变化监测。而传统的比长仪，是测量干燥期的尺寸变化。

9

高强石膏发展展望

建筑石膏（即 β-半水石膏，或称普通石膏粉）的物理强度低，主要用于纸面石膏板、石膏砌块和部分装饰材料，用途、用量均有限。而高强石膏（即 α-半水石膏）的物理强度一般为普通石膏粉的 3 倍以上，因此它不仅能够替代建筑石膏以降低成本，而且它的用途更为广泛，例如：干燥抗压强度为 25～40MPa 的高强石膏粉主要用于陶瓷模具和建材产品；干燥抗压强度在 60MPa 以上的高强石膏主要用于各种如牙科、铸造等特殊模具，但这种超高强石膏的生产设备昂贵，原料多用天然的纤维石膏（目前，国内金正大、山东博瑞等企业用工业副产石膏生产高强石膏取得一定突破）。

9.1 高强陶模石膏粉的市场分析

陶模石膏粉的技术指标特点如下：

（1）以要求湿抗折强度为主；

（2）要求湿抗折强度，又要求一定的吸水率（而用脱硫石膏作为原料生产出的熟石膏粉，在同样的吸水率条件下，其湿抗折强度要远高于用天然石膏生产的熟石膏粉）；

（3）陶瓷的注浆模和滚压模对湿抗折强度和吸水率要求的侧重不同。

陶模石膏粉的市场特点如下：

（1）我国陶瓷年产量占世界的一半，陶模石膏粉用量巨大，达400万吨左右；

（2）广东潮汕、福建德化地区每年需要高强陶模石膏粉约150万吨，批发商进价为超过600元/吨；

（3）市场非常成熟，无须市场推广应用。

9.2
自流平石膏的市场分析

自流平石膏是自流平地面找平石膏的简称，它是一种在混凝土楼板垫层上能够流动摊平，即在自身重力作用下形成平滑表面，成为较为理想的建筑物地面找平层，是铺设地毯、木地板和各种地面装饰材料的基层材料。建筑物室内地面的传统做法是先用水泥砂浆做找平层，然后做面层。这种做法既费工又费时，特别是找平层，需手工抹平。而用自流平石膏，则可直接在垫层上浇灌找平层，待其硬化后，用户就可根据自己的意愿在石膏找平层上做饰面层。

采用自流平石膏施工的地面，尺寸准确，平整度极为突出，不空鼓、不开裂。浇灌24h后即可在上面行走；48h后可以在上面进行作业。干燥后，一般不需要进行修整，其平整度就能达到高水平，可直接在地面上铺贴PVC板或地毯等。若做实木地板或粘贴地面砖，用胶粘剂量极少，既减少了楼层地面重量，又节省了大量胶粘剂。由于自流平石膏地面导热系数大大低于水泥砂浆地面，因此脚踩在上面没有冰冷的感觉。

采用自流平地面找平材料做高标准室内地面省时、省工，可以不用高级抹灰工即可完成。作业时轻松方便，效率高，并且可以采用泵送施工，日铺地面可达800～1000m^2。用这种方法，还可以做出无缝隙大面积地面。

目前，自流平石膏在日本和西欧国家应用比较普遍，有成熟的生产技术及配套的施工机具。我国每年新增建筑面积近20亿平方米，若按其中一半的地面（10亿平方米）采用自流平石膏，每平方米需要20kg自流平石膏（粉），共需2000万吨自流平石膏（粉），而其中的成分50%是高强石膏，即每年需求1000万吨的高强石膏来生产自流平石膏。

9.3 粉煤灰高强石膏砌块的市场分析

粉煤灰高强石膏砌块是新型绿色墙体材料石膏砌块中的一种，与普通石膏砌块一样，具有质量轻、可替代黏土砖、少毁耕地等优点，在高层建筑物中作为非承重墙使用，能够增大有效使用面积10%左右。普通石膏砌块是由普通石膏粉加水搅拌，经浇筑成型、凝结硬化而成，而粉煤灰脱硫石膏砌块是由脱硫石膏经过高温蒸煮成α-半水石膏浆体（或高强石膏加水）混合粉煤灰后直接浇筑成型的。由于粉煤灰主要由二氧化硅和三氧化二铝组成，当有石膏存在时，会生成水化硫铝酸钙结晶这种水硬化胶凝材料，这样粉煤灰高强石膏砌块不仅具备普通石膏砌块的全部优点，还有以下4个优点：

（1）强度更高，密度更低；

（2）由于强度高，所以不必像普通石膏一样添加水泥，反而可在砌块制品中掺入30%以上的粉煤灰等电厂废渣；

（3）克服了普通脱硫石膏砌块的干收缩性；

（4）软化系数比普通脱硫石膏砌块高，提高了石膏砌块的防水性能。

9.4
用脱硫石膏生产高强石膏设备的市场分析

由于我国高品位的天然石膏储量小、产地远离消费地，而脱硫石膏品位高、地域分布又很均匀，另外，高强石膏的应用领域更加广阔，因此用脱硫石膏取代天然石膏生产高强石膏是大势所趋。如果按每万吨高强石膏生产设备的市场价为100万元计算，那么这个市场总量可达到数十亿元。

参考文献

[1] 尹连庆，徐峥，孙晶．脱硫石膏品质影响因素及其资源化利用［J］．电力环境保护，2008（1）：28-30.

[2] 滕朝晖，王文战，赵云龙．工业副产石膏应用研究及问题解析［M］．北京：中国建材工业出版社，2020.

[3] 赵云龙，徐洛屹．石膏干混建材生产及应用技术［M］．北京：中国建材工业出版社，2016.

[4] 张克华．化工磷石膏制备石膏胶凝材料研究及应用［D］．南京：南京理工大学，2008.

[5] 杨冬蕾．我国磷石膏和钛石膏资源化利用进展及愿望［J］．硫酸工业，2018（10）：5-10.

[6] 陈燕，岳文海，董若兰．石膏建筑材料［M］．2 版．北京：中国建筑工业出版社，2012.

[7] П. П. 布德尼柯夫．石膏的研究与应用［M］．樊发家，曾宪靖，高康武，译．北京：中国工业出版社，1963.

[8] 吕天宝，刘飞．石膏制硫酸与水泥技术［M］．南京：东南大学出版社，2010.

[9] 郭泰民．工业副产石膏应用技术［M］．北京：中国建材工业出版社，2010.

[10] 徐峰，刘林军．聚合物水泥基建材与应用［M］．北京：中国建筑工业出版社，2010.

[11] 傅德海，赵四渝，徐洛屹．干粉砂浆应用指南［M］．北京：中国建材工业出版社，2006.

[12] A. B. 伏尔任斯基，A. B. 弗朗斯卡娅．石膏胶结料和制品［M］．吕昌高，译．北京：中国建筑工业出版社，1980.

[13] 李东旭．工业副产石膏资源化综合利用及相关技术［M］．北京：中国建筑工业出版社，2013.

[14] 向才旺．建筑石膏及其制品［M］．北京：中国建材工业出版社，1998.

[15] 王祁青．石膏基建材与应用［M］．北京：化学工业出版社，2009.

[16] 中华人民共和国建筑工程部，水泥研究院．利用炼铁矿渣生产石膏矿渣水泥［M］．北京：建筑工程出版社，1958.

[17] 法国石膏工业协会．石膏［M］．杨得山，译．北京：中国建筑工业出版社，1987.

[18] 周立新．工业脱硫脱硝技术问答［M］．北京：化学工业出版社，2006.

[19] 彭家惠．建筑石膏减水剂与缓凝剂作用机理研究［D］．重庆：重庆大学，2004.

[20] 刘伟华．无机外加剂对 α 半水石膏性能的影响及其作用机理研究［D］．唐山：河北理工大学，2005.

[21] 韩跃新，印万忠，王泽红，等．矿物材料［M］．北京：科学出版社，2006.

[22] 段鹏选，张增寿，李青．《烟气脱硫石膏》建材行业标准编制方案［R］．第一届脱硫技术及脱硫石膏、脱硫灰（渣）处理与利用大会．

[23] 含金沙．石膏型精密铸造材料的研究［C］//第六届全国石膏技术交流大会暨展览会论文集，2011.

[24] 滕朝晖，赵立群，尹瑞龙．预拌砂浆标准解读及实际应用解析（2022 年 1 月第 2 次）［M］．北京：中国建材工业出版社，2022.

[25] T/CECS 847—2021 石膏基自流平砂浆应用技术规程［S］．

[26] T/CBCA 004—2020 轻质抹灰用 β 型半水石膏［S］．

[27] 师红．磷石膏的利用［J］．建材发展导向，2005，3（A01）：44-46.

参考文献

四川华邦保和科技集团有限公司

HBBH 华邦保和®
建筑材料全系专家

一、集团简介

华邦保和科技集团成立于1992年，响应国家“绿色环保、节能利废、循环经济”号召，是一家致力于墙面新型建筑节能材料和新型墙面装饰材料的，集系统研发、生产、销售、工程施工、技术服务及产品推广的现代化高科技企业集团。

集团旗下三家子公司——四川华一众创新材料有限公司、湖北华邦保和新材料有限公司、贵州绿邦众创新材料有限公司，着重于建筑石膏的研究与应用，坚持走自主研发与“产学研”相结合的道路，拥有多项专利并积累了丰富的经验。

其中，四川华一众创新材料有限公司，占地80余亩，拥有50000余平方米的现代化标准化生产基地，是西南最大石膏砂浆生产基地。专业生产新型石膏腻子砂浆、改性石膏轻质隔墙板、新型饰面材料、石膏自流平等新型建筑材料，年建筑石膏消耗量100万余吨。

二、主要石膏产品介绍

（一）石膏基自流平砂浆

石膏基自流平砂浆是自流平地面找平石膏的简称，又称为自流平石膏、石膏自流平，是一种专门用于室内地面找平的干粉材料。

（二）轻质抹灰石膏

轻质抹灰石膏是一种新型高效节能的建筑内墙及顶板抹灰材料，代替水泥砂浆、石灰砂浆等传统找平材料。

（三）改性石膏隔墙板

改性石膏隔墙板简称石膏轻质隔墙板、石膏隔墙板等，用于建筑内围护结构，是目前发展建筑工业化和装配式建筑非常理想的非承重墙体材料。

三、人员建设

为实现集团“立足西南、走向全国、放眼全球”的战略目标，为持续外拓、多点布局做好人员储备，现征集并欢迎有志之士的加入：

产品推广工程师：2名；
销售工程师：5名；
研发工程师：3名；
人事总监：1名；
渠道开拓：2名；
总经理助理：2名。

联系方式：陈老师13684067703
简历投递：804204330@qq.com
公司网址：www.Schbbh.com
工作地点：成都市青白江区大同镇文澜路88号

全新升级版工业副产石膏专用混合主机

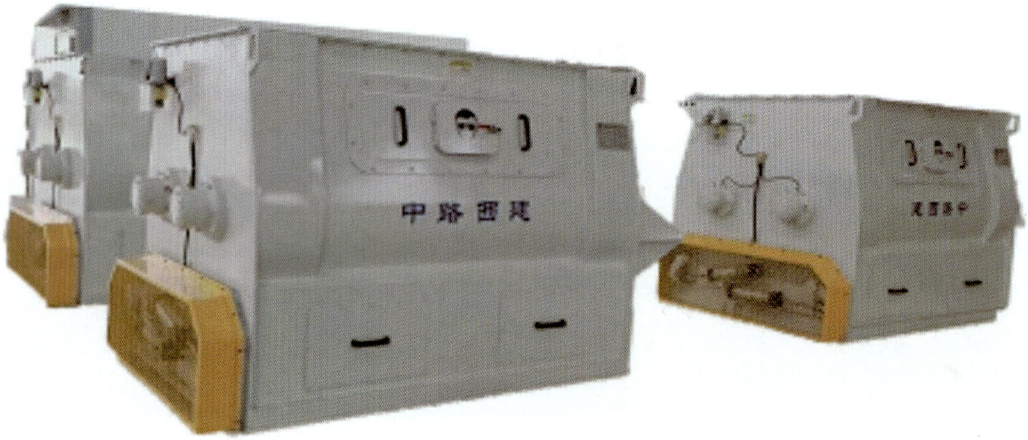

中路西建》》

》》C-ROAD GROUP ——砂浆生产设备专业制造商

中路西建隶属中路带集团，是集研发、制造、销售、服务于一体的建材装备集团化企业。总部位于青岛市，创建于1993年，员工1000余人，产品遍布国内各省市及国外30多个国家和地区。

电话：0913-2380552 18706877353

地址：陕西省渭南市高新区朝阳大街西段72号

微信公众号 官方微信

全国免费服务热线

400-029-2991

北京弗特恩科技有限公司

BEIJING FORTRAN TECHNOLOGY CO., LTD

企业简介

Business introduction

北京弗特恩科技有限公司是国内较早进入可再分散性乳胶粉生产和销售的企业之一，自2006年公司成立以来，秉承“科技创新，信誉至上”的原则，相继建立山西胶粉及粉体减水剂生产基地，与山西省建筑材料工业设计研究院共建山西省石膏工程技术中心（省级技术中心），在安徽省扩建纤维素醚生产基地，开设西安分公司，郑州分公司。相继投产的可再分散性乳胶粉、纤维素醚、粉体减水剂、石膏缓凝剂、水泥基缓凝剂等系列产品深受市场欢迎和认可。“稳定压倒一切”“专业铸就未来”“研发平台共享”的公司理念，将为我们共同进步，合作共赢带来机遇和发展！

主要产品

The main products

可再分散乳胶粉

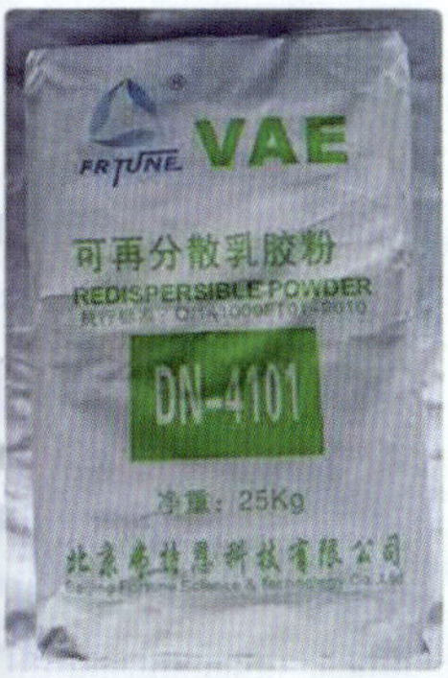

引气剂

石膏缓凝剂

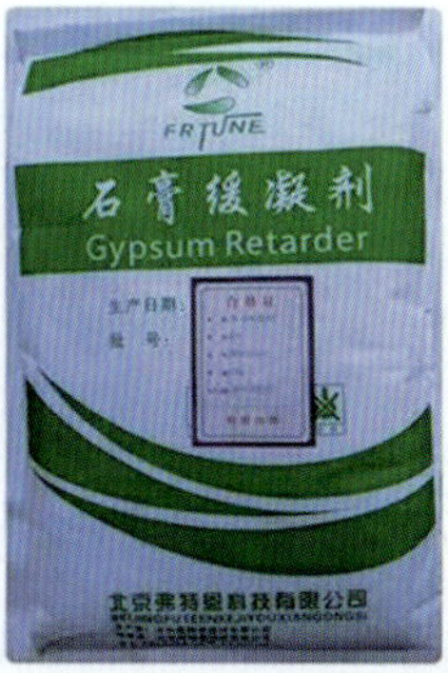

聚羧酸减水剂

羟丙基甲基纤维素

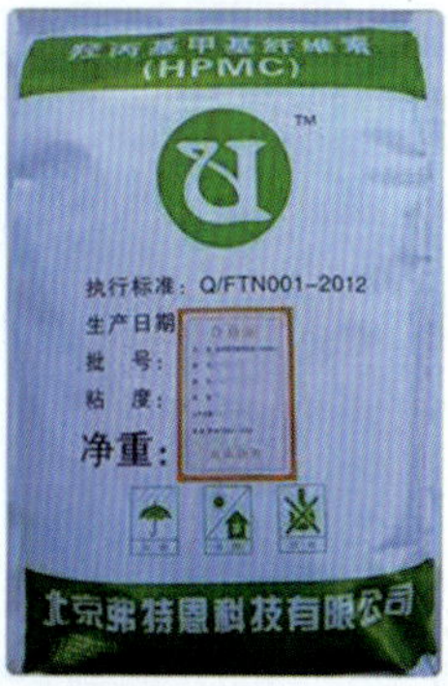

Phone Number:86 010 61271782

北京总部地址：北京大兴工业开发区

弗特恩生产工厂地址：安徽、山西、河北

西安分公司地址：陕西西安未央区龙首村宫园壹号

郑州分公司地址：郑州市二七区航海路碧云路正商城泰园